W0260222

Mathematische Methoden
in der Technik 5

Babovsky/Beth/Neunzert/Schulz-Reese
Mathematische Methoden in der Systemtheorie:
Fourieranalysis

Mathematische Methoden in der Technik

Herausgegeben von

Prof. Dr. rer. nat. Jürgen Lehn, Technische Hochschule Darmstadt
Prof. Dr. rer. nat. Helmut Neunzert, Universität Kaiserslautern
o. Univ.-Prof. Dr. rer. nat. Hansjörg Wacker, Universität Linz

Band 5

Die Texte dieser Reihe sollen die Anwender der Mathematik — insbesondere die Ingenieure und Naturwissenschaftler in den Forschungs- und Entwicklungsabteilungen und die Wirtschaftswissenschaftler in den Planungsabteilungen der Industrie — über die für sie relevanten Methoden und Modelle der modernen Mathematik informieren. Es ist nicht beabsichtigt, geschlossene Theorien vollständig darzustellen. Ziel ist vielmehr die Aufbereitung mathematischer Forschungsergebnisse und darauf aufbauender Methoden in einer für den Anwender geeigneten Form: Erläuterung der Begriffe und Ergebnisse mit möglichst elementaren Mitteln; Beweise mathematischer Sätze, die bei der Herleitung und Begründung von Methoden benötigt werden, nur dann, wenn sie zum Verständnis unbedingt notwendig sind; ausführliche Literaturhinweise; typische und praxisnahe Anwendungsbeispiele; Hinweise auf verschiedene Anwendungsbereiche; übersichtliche Gliederung, die ein „Springen in den Text" erleichtert. Die Texte sollen Brücken schlagen von der mathematischen Forschung an den Hochschulen zur mathematischen Arbeit in der Wirtschaft und durch geeignete Interpretationen den Transfer mathematischer Forschungsergebnisse in die Praxis erleichtern. Es soll auch versucht werden, den in der Hochschulforschung Tätigen die Wahrnehmung und Würdigung mathematischer Leistungen der Praxis zu ermöglichen.

Dr. rer. nat. Hans Babovsky

Von 1973 bis 1980 Studium der Mathematik an der Universität Kaiserslautern, 1980 Diplom. Von 1980 bis 1981 Forschungsaufenthalt an der Université de Montréal. Von 1982 bis 1985 wiss. Mitarbeiter, 1983 Promotion. Seit 1985 Hochschulassistent an der Universität Kaiserslautern.

Prof. Dr. rer. nat. Thomas Beth

Von 1968 bis 1973 Studium an der Universität Göttingen. 1973 bis 1974 DAAD-Stipendiat an der Ohio State University, seit 1974 wiss. Mitarbeiter am Institut für Mathematische Maschinen und Datenverarbeitung der Universität Erlangen-Nürnberg. 1978 Promotion, 1984 Habilitation und Professor am Royal Holloway College, University of London. Seit 1985 Professor an der Universität Karlsruhe.

Prof. Dr. rer. nat. Helmut Neunzert

Von 1954 bis 1959 Studium an der Universität München, 1959 Staatsexamen. Bis 1960 Referendar für das Lehramt an Gymnasien. Von 1960 bis 1972 wiss. Mitarbeiter und später stellv. Leiter des Zentralinstituts für Angewandte Mathematik der Kernforschungsanlage Jülich, 1965 Promotion, 1971 Habilitation. Von 1973 bis 1974 wiss. Rat und Professor an der TH Aachen. Seit 1974 Ordentlicher Professor für die mathematischen Grundlagen von Physik und Technik im Fachbereich Mathematik der Universität Kaiserslautern, Leiter der Arbeitsgruppe Technomathematik.

Dipl.-Math. Marion Schulz-Reese

Von 1969 bis 1974 Studium an der Universität Göttingen, 1974 Diplom. Von 1977 bis 1980 Redakteurin beim ZDF in Mainz. Seit 1981 wiss. Mitarbeiterin in der Arbeitsgruppe Technomathematik im Fachbereich Mathematik der Universität Kaiserslautern.

CIP-Kurztitelaufnahme der Deutschen Bibliothek

Mathematische Methoden in der Systemtheorie: Fourieranalysis
von Hans Babovsky ... – Stuttgart : Teubner, 1987.
(Mathematische Methoden in der Technik; Bd. 5)
ISBN 978-3-519-02618-1 ISBN 978-3-322-92758-3 (eBook)
DOI 10.1007/978-3-322-92758-3
NE: Babovsky, Hans [Mitverf.] ; GT

Gesamtherstellung: J. Jllig, Göppingen
Umschlaggestaltung: M. Koch, Reutlingen

Mathematische Methoden in der Systemtheorie: Fourieranalysis

Von
Dr. rer. nat. Hans Babovsky, Universität Kaiserslautern
Prof. Dr. rer. nat. Thomas Beth, Universität Karlsruhe
Prof. Dr. rer. nat. Helmut Neunzert, Universität Kaiserslautern
Dipl.-Math. Marion Schulz-Reese, Universität Kaiserslautern

B. G. Teubner Stuttgart 1987

EINLEITUNG

Dieses Buch ist einer jener Bände unserer Reihe, die aus dem Modellversuch "Mathematische Weiterbildung", der in den Jahren 1981 - 1983 an der Universität Kaiserslautern durchgeführt wurde, hervorging.

Zu Beginn des Modellversuchs haben wir den Kontakt zur industriellen Praxis gesucht und auch gefunden, einen Kontakt, von dem wir Hochschullehrer uns Informationen darüber erhofften, was für eine Mathematik die technische Industrie eigentlich benötigte. Wir - selbst überwiegend mathematische Physiker - wollten möglichst unvoreingenommen erfahren, wo den Ingenieuren der Forschungs- und Entwicklungsabteilungen der mathematische Schuh drückt. Das gab zunächst auf beiden Seiten einige Probleme: Wenn man wirklich ein Defizit hat, kann man es schlecht formulieren - andererseits verstanden wir oft nicht das technische, ja manchmal auch nicht das mathematische Problem, das dahinter steckte. Das galt insbesondere für die Systemtheorie, einen Bereich, der in Deutschland (im Gegensatz etwa zu Holland) den Mathematikern entglitten ist. Das Spektrum, das Abtasttheorem, die "FFT" spielten überall eine Rolle, in der Signaltheorie, der Meßtechnik, der Systemidentifikation, der Bildauswertung - aber es gab natürlich auch noch den ganzen Bereich der, sagen wir "Kalmanschen" Systemtheorie mit oder ohne Stochastik, den wir erst in den folgenden Jahren dazulernten. Die "Darstellung im Frequenzbereich", jener Teil der Systemtheorie, der mit der Fouriertransformation zusammenhängt, ist nur ein kleiner Bereich des Gesamtkomplexes, den wir in weiteren Bänden "abarbeiten" werden (die stochastische Grundlage legt der Band von Krüger und Scheiba). Aber auch dieser kleine Band ist sehr inhaltsreich, insbesondere, da wir zwei Ziele verfolgen:

1) Es ist unser Ziel, auch die mathematische Begriffsbildung insoweit darzustellen, als es für eine "Kalkülsicherheit" notwendig ist. Ob δ eben eine Distribution oder nur eine etwas seltsame Funktion ist, hat nach unserer Meinung nicht nur theoretisches Interesse, ist nicht eine spitzfindige Frage der Mathematiker: Es ist auch eine Frage, ob man mit diesem δ (und ähnlichen Objekten) gut und sicher rechnen kann. Und die Erfahrung mit unseren Ingenieurstudenten, insbesondere aber mit den etwa 50 Teilnehmern an unseren Weiterbildungskursen über Fouriertransformation zeigt, daß es auch den handfestesten Ingenieur nicht schrecken muß, sogar Spaß machen kann und vor allem: daß es sich lohnt.

2) Darüber hinaus haben wir versucht, das zu sammeln, was praktische Relevanz hat oder mit Sicherheit haben könnte. Dazu gehören z.B. die Aussagen über alle möglichen Fehler beim Abtasten von Funktionen, wie man gewisse Eigenschaften der Zeitfunktion an ihrem Spektrum ablesen kann und natürlich auch die schnelle Fouriertransformation. Dieser 2. Teil kann vom Praktiker mehr enzyklopädisch gelesen werden, d.h. er kann sich heraussuchen, was er gerade braucht. Wir haben in diesem Teil zwar auch technische Beispiele eingebaut, aber doch nicht um jeden Preis: Unsere Erfahrung ist, daß die Hörer bzw. Leser viel kompetenter dafür sind zu entscheiden, wofür sie die Mathematik gebrauchen können. Aber wir haben uns die größte Mühe gegeben, l'art pour l'art zu vermeiden.

Dieses Buch hat viele Autoren - auch dies eine Konsequenz seiner Entstehungsgeschichte; drei von ihnen sind Mitglieder der Arbeitsgruppe Technomathematik der Universität Kaiserslautern, die sich, in Fortführung des Weiterbildungsprojekts, um vielfältige Kontakte mit der Industrie auf mathematischem Gebiet, sowohl was die Forschung als auch was die Lehre anbelangt, bemühen. Diese drei waren besonders froh, in Thomas Beth einen wirklich fachkundigen Kollegen für den diskreten Teil gewonnen zu haben, dem seinerseits die Mitwirkung an dem Kaiserslauterer Experiment viel Spaß gemacht hat. Alle vier hoffen, daß der Band die Aufgabe der Reihe erfüllt: Eine Brücke zu schlagen zwischen den mathematischen Problemen der Industrie und der mathematischen Forschung an der Hochschule.

Kaiserslautern und Karlsruhe
Oktober 1986

Hans Babovsky
Thomas Beth
Helmut Neunzert
Marion Schulz-Reese

INHALTSVERZEICHNIS

Seite

1. TECHNISCHE PROBLEME, DIE ZUR ANWENDUNG DER FOURIERTRANSFORMATION FÜHREN

Wichtige Anwendungsgebiete der Fouriertransformation sind Systemtheorie und Signalverarbeitung. Systemtheorie wiederum beschreibt Situationen in vielen technischen, naturwissenschaftlichen und ökonomischen Bereichen; ursprünglich entstanden aus der Elektrotechnik, findet sie heute Anwendung bei mechanischen Systemen, in der Vorhersage von Börsenkursen, bei der Untersuchung von Ursache und Wirkung bei der Eutrophierung von Gewässern und dergleichen mehr. Signalverarbeitung hat eine gewisse Verwandtschaft mit der Systemtheorie - diese wird häufig dazu benutzt, Signal von stochastischem Rauschen zu trennen, hat aber auch ihre spezifischen Fragestellungen; man denke nur an die Digitalisierung, der mathematisch das sogenannte Abtasttheorem zugrundeliegt.

Für uns sind diese Anwendungsbereiche Grund für und Leitlinie bei der Behandlung der Fouriertransformation. Trotzdem: Diese Transformation steht im Vordergrund - nicht System- oder Signaltheorie. Das bedeutet insbesondere, daß wir große Teile dieser Theorie nicht behandeln, eben jene, die nichts mit der Fouriertransformation zu tun haben. Und dies sind Bereiche, die in den letzten Jahren an Bedeutung gewonnen haben - man denke nur an die dynamischen Systeme, die ARMA-Modelle mit ihren Filterungs-, Identifikations- und Prediktionsverfahren. Mit Ausnahme der Filterung scheinen hier bisher handliche Lehrbücher zu fehlen - eine Aufgabe für einen weiteren Band in dieser Reihe. Immerhin: Das *Impuls-Antwort* oder auch *allgemeine lineare Modell* eines Systems, das man dann verwendet, wenn man relativ wenige Informationen über das System selbst besitzt, wird immer noch häufig benutzt - und genau dieses Modell ist der Behandlung durch die Fouriertransformation zugänglich, ja eigentlich nur mit ihrer Hilfe behandelbar. Wir wollen daher dieses Modell am Anfang kurz einführen, ohne weiter in die Theorie linearer Systeme einzusteigen.

In diesem Band wollen wir uns außerdem auf deterministische Systeme und Signale beschränken - die stochastischen Grundlagen werden in Krüger/Scheiba [12] - gelegt.

1.1 LINEARE SYSTEME

Mathematisch ist ein System nichts anderes als eine Transformation: Ein Eingangssignal wird (innerhalb eines technischen, ökonomischen oder auch biologischen "Systems") in ein Ausgangssignal transformiert. Was da transformiert wird, ist ein Signal, d.h. eine oder mehrere Funktionen der Zeit - das Bild der Transformation ist von ähnlicher Art. Bild- und Urbildraum dieser Transformation sind Räume von Zeitfunktionen - da man Signale überlagern oder auch verstärken kann, wird man diese Räume als *linear* (Summe zweier Signale und das λ-fache eines Signals sind wieder Signale) annehmen.

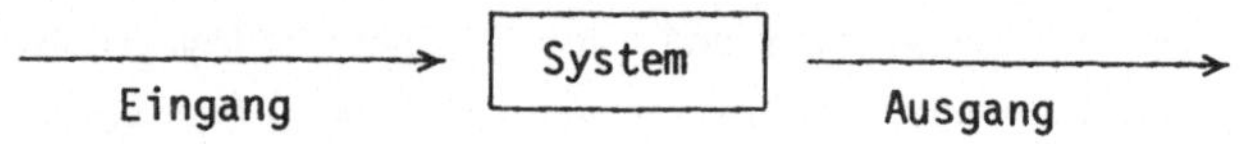

Bild 1.-

Lineare Systeme sind lineare Transformationen: Überlagerung der Eingangssignale bedeutet Überlagerung der Ausgangssignale etc. Dies ist eine durchaus starke Einschränkung: In Wirklichkeit sind Systeme fast niemals vollständig linear, Linearität ist bestenfalls eine "vertretbare Vereinfachung". Immer mehr spielen allerdings Nichtlinearitäten auch eine praktische Rolle in Bereichen, wo man bisher linear auszukommen glaubte (man denke nur an Phänomene wie Frequenzverdopplung, Modenkopplung etc.). Wir bleiben aber linear.

Um Formeln zu bekommen: Ist U bzw. O der lineare Raum der Eingangs- bzw. der Ausgangssignale, so ist ein *System* also eine Transformation

$$T : U \longrightarrow O \quad \text{oder} \quad y = T[x] \in O \text{ für } x \in U;$$

ein *lineares System* hat die Eigenschaft

$$T[x_1+x_2] = T[x_1] + T[x_2], \quad T[\lambda x] = \lambda T[x]$$

für alle Eingangssignale $x_1, x_2, x \in U$ und beliebiges reelles (oder auch komplexes) λ. Praktisch haben lineare Systeme noch einige wichtige Eigenschaften, die das Leben wesentlich erleichtern:

a) T heißt *zeitinvariant*, wenn folgendes gilt: Kommt das Signal um eine Zeit τ früher an, d.h. verwenden wir statt x(t) das Signal $x_\tau(t) := x(t-\tau)$, so wird auch das Ausgangssignal um τ früher ankommen, d.h. wir erhalten $(T[x])(t-\tau) = T[x]_\tau(t)$. In Formeln:

$$T[x_\tau] = T[x]_\tau, \quad \tau \in \mathbb{R} \text{ beliebig.}$$

Zeitinvariant sind Systeme dann, wenn sich ihr "innerer Zustand", ihre

Wirkung auf die Signale zeitlich nicht verändert: Ob ein Signal jetzt oder um τ früher oder später ankommt - das Ergebnis ist das gleiche, wenn man von der reinen Zeitverschiebung absieht.

b) T heißt *kausal*, wenn ein Ausgangssignal erst dann feststellbar ist, wenn ein Eingangssignal vorhanden ist: Ist $x(t) = 0$ für $t \leq t_0$, so ist auch $y(t) = T[x](t) = 0$ für $t \leq t_0$.

c) Nur mathematisch wichtig ist der Begriff des stetigen Systems. Wenn zwei Eingangssignale sehr nahe beieinander liegen, dann auch die zugehörigen Ausgangssignale. Dazu braucht man so etwas wie den Abstand zweier Signale x_1, x_2, z.B. $\|x_1-x_2\|_0 = \max_{t \in \mathbb{R}} |x_1(t)-x_2(t)|$ (die größte vorkommende Abweichung) oder $\|x_1-x_2\|_2 = \int |x_1(t)-x_2(t)|^2 \, dt$ (mit der Energie des Differenzsignals vergleichbar). Stetig heißt dann (in Abhängigkeit vom Abstandsbegriff)

$$\|T[x_1]-T[x_2]\| \leq A \, \|x_1 - x_2\|$$

für ein geeignetes A: strebt $\|x_1-x_2\|$ gegen Null, so auch $\|T[x_1]-T[x_2]\|$. Wir wollen dies alles aber nicht vertiefen - wir benötigen es nicht.

ÜBUNG

Welche Eigenschaften besitzen die folgenden Systeme?
Definieren Sie zu jedem Beispiel geeignete Räume von Eingangs- und Ausgangssignalen (z.B. die Menge der stetigen Funktionen, die Menge der differenzierbaren Funktionen, ...).

(1) Verzögerungsleitung: $y(t) = x(t-t_0)$

(2) Differenzierglied: $y(t) = x'(t)$

(3) Integrierglied: $y(t) = \int_{-\infty}^{t} x(\tau) \, d\tau$

(4) $y(t) = x^2(t)$

(5) $y(t) = x''(t) - 2x(t)$

(6) $y(t) = \int_0^t x(\tau) \, d\tau + x(t) \sin t$

(7) $y(t) = x^+(t)$ mit $x^+(t) = \begin{cases} x(t), & \text{falls } x(t) \geq 0 \\ 0, & \text{sonst} \end{cases}$

(8) $y^{(n)}(t) + a_{n-1} y^{(n-1)}(t) + \ldots + a_0 y(t)$

$$= b_n x^{(n)}(t) + b_{n-1} x^{(n-1)}(t) + \ldots + b_0 x(t)$$

(9) $y(t) = \int_{-\infty}^{t} x(\tau)\varphi(\tau)\, d\tau.$

1.2 IMPULSANTWORTEN

Wir beschränken uns jetzt auf den Fall, daß Eingangs- und Ausgangssignale "univariat" sind, d.h. jeweils nur aus einer Zeitfunktion bestehen. Man kann solche Systeme prüfen, indem man ganz bestimmte, einfache Eingangssignale verwendet: Die Sprungfunktion und den Einheitsimpuls.

Die Sprungfunktion macht keinen Ärger: Sie beschreibt einen idealisierten Ausschaltvorgang und ist definiert durch

$$\sigma(t) := \begin{cases} 1 & \text{für } t > 0 \\ 0 & \text{für } t < 0 \end{cases}$$

Der Einheitsimpuls δ ist keine Funktion - der Raum der Eingangssignale muß also vergrößert werden, wenn wir ihn verwenden wollen. δ ist eine Distribution - häufig in der Literatur beschrieben als etwas, das nur im Nullpunkt von Null verschieden ist, dort dafür aber so groß, daß das Integral über das Ganze Eins ist. Es ist nicht nur mathematische Pedanterie, wenn wir uns damit nicht zufrieden geben werden: Einmal ist die Idee der Distribution über 50 Jahre alt, ausgereift und findet weiteste Anwendung, gehört also irgendwie zur technisch-naturwissenschaftlichen Kultur, zum anderen kann man ohne eine etwas genauere Definition einige Dinge gerade im Bereich der Fouriertransformation nur vage und mit Schwierigkeiten verstehen - der Aufwand, so meinen wir, lohnt sich, und wir werden im 3. Kapitel darauf eingehen.

Jetzt genügt es, sich δ als einen sehr schmalen und sehr hohen Impuls der Fläche 1 um den Zeitpunkt 0 herum vorzustellen, etwa wie in Bild 2:

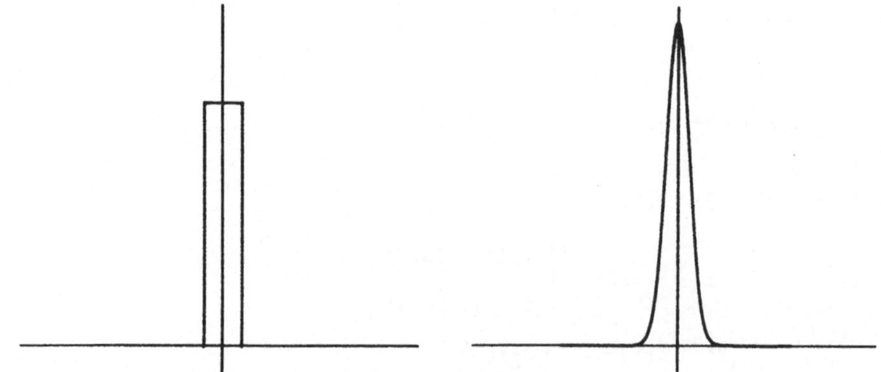

Bild 2.- Veranschaulichungen der δ-Funktion

δ_τ ist der zur Zeit τ ankommende Impuls - also wieder $\delta_\tau(t) = \delta(t-\tau)$. Schicken wir ihn in das System, so erhalten wir ein Ausgangssignal $T[\delta_\tau](t)$. Diese Funktion (das Ausgangssignal ist im allgemeinen wieder etwas vernünftiges) heißt

$$\textit{Impulsantwort} \quad T[\delta_\tau](t) =: h(t,\tau).$$

Ist T kausal, so ist $h(t,\tau) = 0$ für $t<\tau$. Ist T zeitinvariant, so hängt $h(t,\tau)$ nur von der Differenz $t-\tau$ ab (nachprüfen!), und wir schreiben aus Bequemlichkeitsgründen wieder h:

$$T[\delta_\tau](t) = h(t-\tau)$$

Ist T kausal und zeitinvariant, so ist $T[\delta_\tau](t) = h(t-\tau)$ und $h(u) = 0$ für $u<0$. Man kann nun zeigen (einige Schritte davon werden wir in Kapitel 3 tun), daß, hat man nur h, die Antwort auf die Einheitspulse, man das System bereits vollständig kennt:

Es gilt für alle $x \in U$, daß

$$T[x](t) = \int_{-\infty}^{+\infty} h(t,\tau)x(\tau)\, d\tau;$$

ist T zeitinvariant, ersetzt man $h(t,\tau)$ durch $h(t-\tau)$; ist es überdies kausal, dann gilt

$$T[x](t) = \int_{-\infty}^{t} h(t-\tau)x(\tau)\, d\tau.$$

In dieser Form wird es das *Impulsantwortmodell* oder auch (dieser Name ist nach dem oben gesagten berechtigt) *allgemeines lineares Modell* genannt.

Auch mit der *Sprungantwort*, also $T[\sigma_\tau](t) =: a(t,\tau)$ läßt sich ein allgemeines lineares Modell charakterisieren. Auch a hängt nur von $t-\tau$ ab, wenn das System zeitinvariant ist, auch a ist Null für $t<\tau$, wenn es kausal ist.

Zur Darstellung von T[x] muß man noch wissen, was x in $-\infty$ tut (i.a. wird es natürlich bei 0 starten); es gilt

$$T[x](t) = \int_{-\infty}^{+\infty} x'(\tau)a(t,\tau)\, d\tau + x(-\infty)\cdot a(t,-\infty).$$

Ist T zeitinvariant und kausal, so gilt

$$T[x](t) = \int_{-\infty}^{t} x'(\tau)a(t-\tau)\, d\tau + x(-\infty)\cdot a(+\infty).$$

a und h hängen zusammen - Sie können es leicht nachprüfen:

$$h(t,\tau) = -\frac{\partial a(t,\tau)}{\partial \tau}$$

bzw.

$$a(t,\tau) = \int_{\tau}^{\infty} h(t,s)\, ds.$$

Im zeitinvarianten Fall ist es einfacher:

$$h(t) = a'(t), \quad a(t) = \int_{-\infty}^{t} h(\tau)\, d\tau.$$

ÜBUNG

Versuchen Sie, die Sprungantwort und die Impulsantwort der folgenden Systeme zu bestimmen.

(1) $y(t) = \int_{-\infty}^{t} x(\tau)\, d\tau$

(2) $y(t) = x'(t)$

(3) $y(t) = x''(t) - 2x(t)$

Möglicherweise haben Sie Schwierigkeiten, Aufgabe (2) und (3) mit der bis jetzt vorhandenen Vorstellung von der δ-Funktion zu lösen. Wir benötigen einen sicheren Rechenkalkül für den Umgang mit δ-Funktionen, der, wie gesagt, im 3. Kapitel geliefert wird. Dort werden Sie dann Aufgabe (2) und (3) ohne Mühe bearbeiten können.

Die Integrale, die im zeitinvarianten Fall auftreten, sind von der Form

$$\int_{-\infty}^{+\infty} f(\tau)g(t-\tau)\, d\tau.$$

Man nennt solche Integrale *Faltungsintegrale* und schreibt $(f*g)(t)$.
Die Faltung spielt also in der Systemtheorie, aber nicht nur dort, eine große Rolle. Veranschaulichen wir uns deshalb an zwei einfachen Beispielen die Wirkung der Faltung:

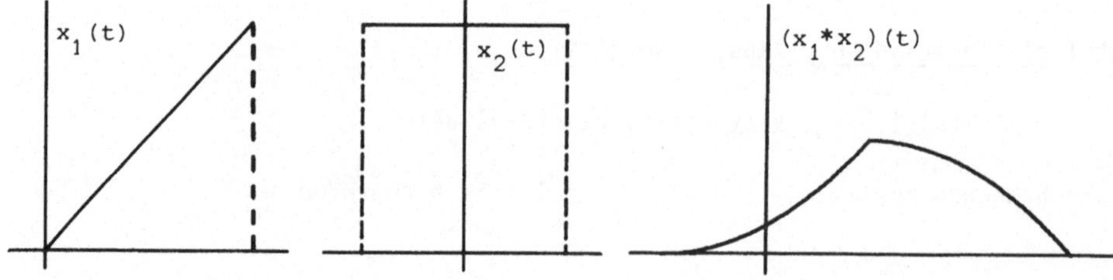

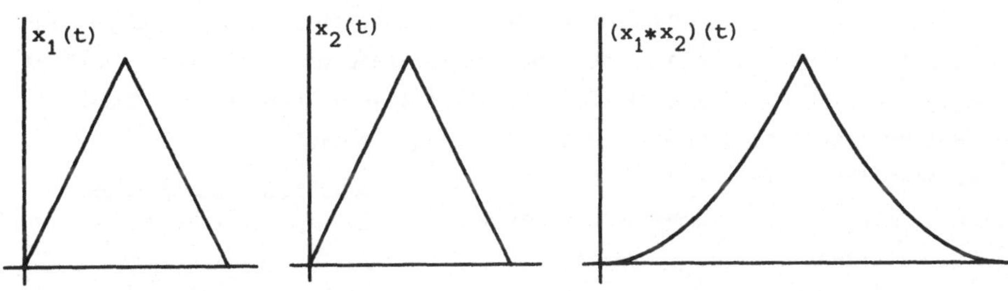

Bild 3.- Beispiele für Faltung

ÜBUNG

Wie verändern sich die Funktionen bei Faltungen? Vergleichen Sie z.B. die "Breite", Sprünge, etc. von $x_1(t)$ und $x_1*x_2(t)$.

Faltungsintegrale sind nicht besonders handlich. Hier liegt der entscheidende Vorteil der Fouriertransformation: Sie verwandelt die Faltung in ein normales Produkt, $*$ also in $\cdot$. Wir werden dies in den folgenden Kapiteln herleiten und greifen hier nur vor, weil es wirklich der entscheidende Punkt ist:

Wir wissen, daß $y(t) = \int_{-\infty}^{+\infty} x(\tau)h(t-\tau)\, d\tau = (x*h)(t)$.

Bezeichnen wir mit $\hat{x}(\omega)$ die Fouriertransformierte von x, $\hat{y}$, $\hat{h}$ entsprechend, so gilt wegen dieser "Verwandlung"

$$\hat{y}(\omega) = \hat{x}(\omega) \cdot \hat{h}(\omega).$$

$H(\omega) := \hat{h}(\omega)$ heißt *Übertragungsfunktion* (oder auch *Frequenzgang*).
Man sieht: Hat man etwa ein bestimmtes x und ein zugehöriges y, so wird man diese Signale Fouriertransformieren, erhält

$$H(\omega) = \frac{\hat{y}(\omega)}{\hat{x}(\omega)}$$

und hat die Übertragungsfunktion. Man sagt, man hat das System "identifiziert". Identifizieren eines Systems, das als Impulsantwortmodell gegeben ist, bedeutet also Fouriertransformieren und dividieren. Im Impulsantwortmodell steht wenig a priori-Wissen über das wirkliche System: Linear und zeitinvariant. Der Ansatz ist deshalb recht allgemein, wird durch viele Parameter, nämlich durch eine Funktion $H(\omega)$ (deren Funktionswerte die "Parameter" des Systems sind) beschrieben. Weiß man a priori mehr, kann man also schon mehr Wissen in die Systemstruktur stecken, so genügen weniger Parameter zur Identifizierung. Man muß aber seines Wissens sicher sein - sonst

paßt die besondere Systemstruktur nicht zum gegebenen Eingangs- und Ausgangssignal. Hier liegt das Problem des Praktikers: Weiß er wenig (oder riskiert er wenig), so muß er eine ganze Funktion bestimmen - weiß er viel (oder riskiert er viel), so genügen vielleicht einige Parameter.
Wir verdeutlichen dies, indem wir noch kurz das *Dynamische System Modell* erwähnen. Hier wird angenommen, daß man $y = T[x]$ wie folgt erhält:
Es gibt Matrizen F, G und H, so daß

$$\dot{z} = Fz + Gx$$
$$y = Hz;$$

dabei ist x ein, sagen wir, m-dimensionaler Input, G eine $(p \times m)$-Matrix, z ein p-dimensionaler "Zustandsvektor", einen oft fiktiven inneren Zustand des Systems beschreibend, F eine $(p \times p)$-Matrix und schließlich H eine $(n \times p)$-Matrix, den Zustand z in einen n-dimensionalen Output y transformierend. Damit durch das Differentialgleichungssystem wirklich eine Abbildung $y := T[x]$ definiert ist, muß noch ein Anfangswert für z, z.B. $z(-\infty) = 0$ angenommen werden.
Das so beschriebene dynamische Modell ist natürlich ein Spezialfall des Impulsantwortmodells: Man löst das Differentialgleichungssystem und erhält

$$y(t) = \int_{-\infty}^{t} He^{(t-\tau)F} Gx(\tau)\, d\tau.$$

Die Impulsantwort - hier nicht nur eine Funktion h, sondern eine von $t-\tau$ abhängige $(n \times m)$-Matrix - ist

$$h(t-\tau) = He^{(t-\tau)F}G.$$

Das System ist natürlich kausal und zeitinvariant (erlaubt man von t abhängige Matrizen G, F und H, so entfällt die letzte Eigenschaft).
Die Impulsantwort hat wegen $He^{(t-\tau)F}G = He^{tF}e^{-\tau F}G$ noch eine besondere Eigenschaft: Sie faktorisiert, ist als das Produkt eines nur von t und eines nur von τ abhängigen Faktors He^{tF} bzw. $e^{-\tau F}G$ schreibbar. Diese Eigenschaft charakterisiert sogar die dynamischen Modelle.

Man beachte: Ein lineares dynamisches Modell ist durch die Koeffizienten der Matrizen G, F und H, also durch $p \cdot m + p \cdot p + n \cdot p$ Zahlen, beschrieben. Das mögen immer noch viele Zahlen sein (selbst wenn ein nur eindimensionaler Input und ein eindimensionaler Output vorliegt, also $m=n=1$ gilt, kann der Zustand z höherdimensional sein, und es bleiben p^2+2p Zahlen) - es ist aber sicher weniger als eine vollständige Funktion h. Diese linearen dynamischen Modelle werden deshalb mit anderen Methoden - sie entstammen eher der linearen Algebra - untersucht als die Impulsantwortmodelle. Die Fouriertransformation spielt für sie jedenfalls nur eine untergeordnete Rolle; da diese Transformation in diesem Band im Vordergrund steht, wollen wir daher im weiteren auf die linearen dynamischen Modelle verzichten und verweisen auf das ausgezeichnete Buch von Knobloch und Kwakernaak [10].

1.3 DIGITALISIERUNG VON SIGNALEN

Einen anderen von der Systemtheorie völlig verschiedenen Anwendungsbereich wollen wir nur kurz erwähnen, nämlich die *Digitalisierung* von Signalen. Das Problem ist klar: Eine Zeitfunktion, das Signal, soll in einem bestimmten endlichen Zeitintervall durch endlich viele Zahlen dargestellt werden. Setzt man von dieser Zeitfunktion überhaupt nichts voraus, so ist dies natürlich nicht möglich: Zu jedem Zeitpunkt ist dann der Funktionswert frei wählbar, so daß eben alle Funktionswerte, gewiß unendlich viele Zahlen zur Beschreibung benötigt werden. Engt man dagegen die Klasse der Signale sehr ein, läßt etwa nur Polynome $a_n t^n + a_{n-1} t^{n-1} + \ldots + a_1 t + a_0$ vom Maximalgrad n zu, so genügen zur Beschreibung natürlich die (n+1) Zahlen $a_0, \ldots, a_n$ - andererseits ist die Klasse der Signale sehr klein, kann also vielleicht nicht genügend oder nur in technisch unpassender Weise Informationen tragen. Ein wenig ähnelt das Problem schon dem Verhältnis vom Impulsantwortmodell mit beliebigem h und dem "digitalisierten" dynamischen Modell, dessen h durch endlich viele Zahlen beschreibbar ist.

Nun bedeutet natürlich schon die technische Realisierung eines Signals die Einschränkung auf eine gewisse Klasse, und wir werden sehen, daß hier besonders *bandbegrenzte* Signale von Bedeutung sind. Bandbegrenzung ist aber nur mittels Fouriertransformation mathematisch beschreibbar. Diese ist hier also ein grundlegendes Hilfsmittel.
Digitalisierte Signale können dann auch mathematisch anders behandelt werden als analoge Signale. Operationen der Analysis wie Integration etc. gehen über in algebraische Operationen. Aus der normalen Fouriertransformation wird die diskrete Fouriertransformation, die auf Rechnern sehr schnell ausführbar ist. Dies macht ihre technische Anwendbarkeit z.B. beim Filtern zweidimensionaler Signale, von Fotografien etc. aus. Wir kommen auf dies in Kapitel 7 zurück.

Wir wollen am Schluß des Kapitels erwähnen, daß für den Mathematiker und vor allem auch den Physiker der Nutzen der Fouriertransformation in einem ganz anderen Bereich liegt, nämlich in der Untersuchung partieller Differentialgleichungen. Das liegt an ihrer Eigenschaft, Ableitungen von Funktionen in eine Multiplikation mit einfachen Polynomen zu verwandeln. Dieser Eigenschaft werden wir sehr wohl im weiteren begegnen, sie aber nicht in der oben angegebenen Richtung verfolgen.

2. FOURIERTRANSFORMATION VON FUNKTIONEN

2.1 DEFINITION UND ELEMENTARE EIGENSCHAFTEN

Es sei φ eine komplexwertige Funktion, von der wir zunächst nur voraussetzen wollen, daß sie für t gegen $+\infty$ und $-\infty$ genügend schnell gegen Null geht. Dann heißt

$$\hat{\varphi}(\omega) = \int_{-\infty}^{\infty} \varphi(t)e^{-j\omega t}\, dt$$

Fouriertransformierte von φ.
Geht auch $\hat{\varphi}$ genügend schnell gegen Null, so heißt

$$(\hat{\varphi})^{\vee}(t) = \frac{1}{2\pi} \int_{-\infty}^{\infty} \hat{\varphi}(\omega)e^{j\omega t}\, d\omega$$

inverse Fouriertransformierte oder *Fourierrücktransformierte* von $\hat{\varphi}$.

Unter geeigneten Voraussetzungen an φ ist $(\hat{\varphi})^{\vee} = \varphi$, d.h. die inverse Fouriertransformierte von $\hat{\varphi}$ ist wieder die Ausgangsfunktion φ. Diesen Zusammenhang kennzeichnen wir durch

$$\varphi \circ\!\!-\!\!\!-\!\!\bullet\ \hat{\varphi} \quad \text{oder} \quad \varphi(t) \circ\!\!-\!\!\!-\!\!\bullet\ \hat{\varphi}(\omega).$$

Man nennt die Fouriertransformierte $\hat{\varphi}(\omega)$ einer Funktion $\varphi(t)$ auch das *Spektrum* von φ. Da $\hat{\varphi}$ eine komplexwertige Funktion ist, verwendet man auch die Darstellung

$$\hat{\varphi}(\omega) = |\hat{\varphi}(\omega)|e^{j\Theta(\omega)},$$

$|\hat{\varphi}(\omega)|$ heißt *Amplitudenspektrum* und $\Theta(\omega)$ *Phasenspektrum* von φ.

ÜBUNG

Berechnen Sie die Fouriertransformierten der Funktionen

(1) $$\varphi_1(t) = \begin{cases} 1, & |t| \le T \\ 0, & |t| > T \end{cases}$$

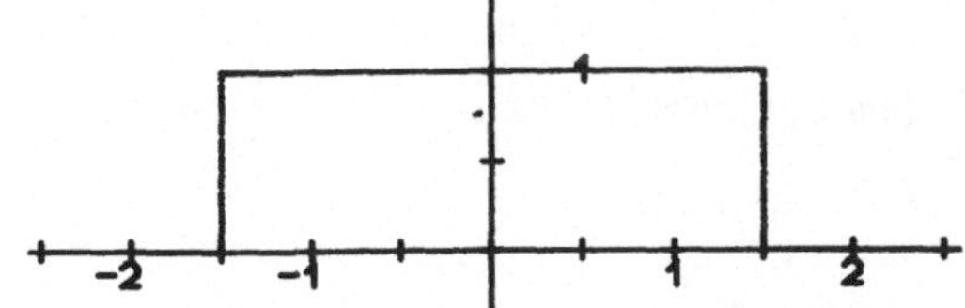

Bild 4.- $\varphi_1(\omega)$

$$(2) \qquad \varphi_2(t) = \begin{cases} 1\,, & 0 \le t \le T \\ -1\,, & -T \le t < 0 \\ 0\,, & |t| > T \end{cases}$$

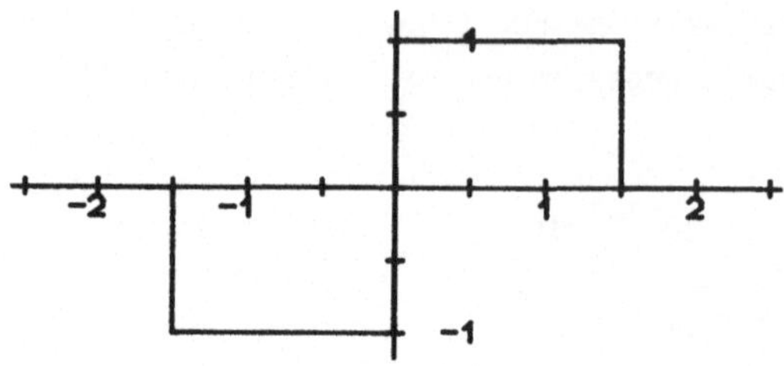

Bild 5.- $\varphi_2(t)$

Vergleichen Sie die Ergebnisse von (1) und (2).

Das zweite Beispiel zeigt, daß die Fouriertransformierte einer reellwertigen Funktion nicht notwendig auch reellwertig sein muß.
Man kann aber Aussagen über die Fouriertransformierte machen, wenn man weiß, daß die Zeitfunktion φ z.B. reellwertig und gerade *) oder ungerade *) ist.

Sei φ zunächst eine komplexwertige Funktion. Wir setzen

$$\varphi = \mathrm{Re}\,\varphi + j\,\mathrm{Im}\,\varphi.$$

Weiter ist

$$e^{-j\omega t} = \cos\omega t - j\sin\omega t.$$

Für die Fouriertransformierte $\hat{\varphi}$ erhält man dann:

$$\begin{aligned} \hat{\varphi}(\omega) &= \int_{-\infty}^{\infty} \varphi(t) e^{-j\omega t}\,dt \\ &= \int_{-\infty}^{\infty} (\mathrm{Re}\,\varphi(t) + j\,\mathrm{Im}\,\varphi(t))(\cos\omega t - j\sin\omega t)\,dt \\ &= \int_{-\infty}^{\infty} (\mathrm{Re}\,\varphi(t)\cos\omega t + \mathrm{Im}\,\varphi(t)\sin\omega t)\,dt \\ &\quad + j\int_{-\infty}^{\infty} (\mathrm{Im}\,\varphi(t)\cos\omega t - \mathrm{Re}\,\varphi(t)\sin\omega t)\,dt \end{aligned}$$

*) Eine Funktion φ heißt *gerade* (bzw. *ungerade*), falls $\varphi(t) = \varphi(-t)$ (bzw. $\varphi(-t) = -\varphi(t)$) für alle t.

d.h. $\mathrm{Re}\,\hat{\varphi}(\omega) = \int\limits_{-\infty}^{\infty} (\mathrm{Re}\,\varphi(t)\cos\omega t + \mathrm{Im}\,\varphi(t)\sin\omega t)\,dt$

und $\mathrm{Im}\,\hat{\varphi}(\omega) = \int\limits_{-\infty}^{\infty} (\mathrm{Im}\,\varphi(t)\cos\omega t - \mathrm{Re}\,\varphi(t)\sin\omega t)\,dt.$

Ist φ reellwertig, d.h. $\mathrm{Re}\,\varphi = \varphi$ und $\mathrm{Im}\,\varphi = 0$, dann folgt

$$\mathrm{Re}\,\hat{\varphi}(\omega) = \int\limits_{-\infty}^{\infty} \varphi(t)\cos\omega t\,dt;$$

wegen $\cos(-\omega)t = \cos\omega t$ ist dies eine gerade Funktion. Außerdem gilt

$$\mathrm{Im}\,\hat{\varphi}(\omega) = -\int\limits_{-\infty}^{\infty} \varphi(t)\sin\omega t\,dt;$$

das ist eine ungerade Funktion.
Ist φ zusätzlich gerade, dann ist $\varphi(t)\sin\omega t$ als Funktion von t ungerade und damit ist

$$\mathrm{Im}\,\hat{\varphi}(\omega) = -\int\limits_{-\infty}^{\infty} \varphi(t)\sin\omega t\,dt = 0;$$

also ist $\hat{\varphi}$ in diesem Fall reell und gerade.

Der Vollständigkeit halber sind diese einfachen Zusammenhänge in der folgenden Übersicht zusammengestellt. Die Beweise können Sie als Übung leicht nachvollziehen.

φ	$\hat{\varphi}$
reell	Re $\hat{\varphi}$ gerade, Im $\hat{\varphi}$ ungerade
imaginär	Re $\hat{\varphi}$ ungerade, Im $\hat{\varphi}$ gerade
reell, gerade	reell, gerade
reell, ungerade	imaginär, ungerade
imaginär, gerade	imaginär, gerade
imaginär, ungerade	reell, ungerade
Re φ gerade, Im φ ungerade	reell
Re φ ungerade, Im φ gerade	imaginär
gerade	gerade
ungerade	ungerade

Für die praktische Anwendung der Fouriertransformation sind jedoch weitere Zusammenhänge zwischen Zeitbereich und Frequenzbereich von Bedeutung. Wie macht sich z.B. eine Veränderung der Zeitfunktion, wie Streckung, Translation oder Faltung im Frequenzbereich bemerkbar? Diese oder ähnliche Fragen werden im folgenden Abschnitt beantwortet, indem die wichtigsten Eigenschaften der Fouriertransformation aufgelistet und formal bewiesen werden.

2.2 WICHTIGE EIGENSCHAFTEN DER FOURIERTRANSFORMATION

(E1) *Linearität*

Sei $\varphi_1 \circ\!\!-\!\!\bullet \hat{\varphi}_1$, $\varphi_2 \circ\!\!-\!\!\bullet \hat{\varphi}_2$, $a_1, a_2 \in \mathbb{C}$, dann gilt

$$a_1\varphi_1 + a_2\varphi_2 \circ\!\!-\!\!\bullet a_1\hat{\varphi}_1 + a_2\hat{\varphi}_2.$$

Diese Eigenschaft folgt sofort aus der Definition der Fouriertransformation.

(E2) *Translation*

- *im Zeitbereich*

Sei $\varphi \circ\!\!-\!\!\bullet \hat{\varphi}$, $t_0 \in \mathbb{R}$, dann gilt

$$\varphi_{t_0}(t) \circ\!\!-\!\!\bullet e^{-j\omega t_0}\hat{\varphi}(\omega),$$

d.h. eine Verschiebung des Zeitvorganges bewirkt im Frequenzbereich eine reine Phasenverschiebung.

Denn: $$(\varphi_{t_0})^\wedge(\omega) = \int_{-\infty}^{\infty} \varphi(t-t_0)e^{-j\omega t}\,dt = \int_{-\infty}^{\infty} \varphi(s)e^{-j\omega(s+t_0)}\,ds$$
$$= e^{-j\omega t_0}\int_{-\infty}^{\infty} \varphi(s)e^{-j\omega s}\,ds = e^{-j\omega t_0}\,\hat{\varphi}(\omega).$$

- *im Frequenzbereich*

Sei $\varphi \circ\!\!-\!\!\bullet \hat{\varphi}$, $\omega_0 \in \mathbb{R}$, dann gilt

$$e^{j\omega_0 t}\varphi(t) \circ\!\!-\!\!\bullet (\hat{\varphi})_{\omega_0}(\omega).$$

Denn: ... das können Sie zur Übung selbst herleiten.

(E3) *Streckung*

- *im Zeitbereich*

Sei φ o——● $\hat{\varphi}$, $a \in \mathbb{R}$, $a \neq 0$, dann gilt

$$\varphi(at) \circ\!\!-\!\!\bullet \frac{1}{|a|}\hat{\varphi}\left(\frac{\omega}{a}\right),$$

d.h. der Dehnung eines Zeitvorganges entspricht eine Verkürzung der "Breite" des Spektrums und umgekehrt.

Denn für $a > 0$ erhält man

$$\int_{-\infty}^{\infty} \varphi(at)e^{-j\omega t}\,dt = \frac{1}{a}\int_{-\infty}^{\infty} \varphi(s)e^{-j\frac{\omega}{a}s}\,ds = \frac{1}{a}\hat{\varphi}\left(\frac{\omega}{a}\right).$$

Für $a < 0$ dreht die Substitution $at = s$ die Integrationsgrenzen um, daher ergibt sich der Faktor $-\frac{1}{a} = \frac{1}{|a|}$.

- *im Frequenzbereich*

Sei φ o——● $\hat{\varphi}$, $a \in \mathbb{R}$, $a \neq 0$, dann gilt

$$\frac{1}{|a|}\varphi\left(\frac{t}{a}\right) \circ\!\!-\!\!\bullet \hat{\varphi}(a\omega).$$

Denn: ... Übung!

(E4) *Differentiation*

- *im Zeitbereich*

Sei φ o——● $\hat{\varphi}$, dann gilt

$$\varphi^{(n)}(t) \circ\!\!-\!\!\bullet (j\omega)^n\,\hat{\varphi}(\omega).$$

Für eine Differentiation, d.h. $n = 1$, ist nämlich

$$(\varphi')^\wedge(\omega) = \int_{-\infty}^{\infty} \varphi'(t)e^{-j\omega t}\,dt = [\varphi(t)e^{-j\omega t}]_{-\infty}^{\infty} - \int_{-\infty}^{\infty} \varphi(t)\,\frac{d}{dt}\,e^{-j\omega t}\,dt$$

$$= -(-j\omega)\int_{-\infty}^{\infty} \varphi(t)e^{-j\omega t}\,dt \;{}^{*)} = (j\omega)\hat{\varphi}(\omega).$$

---

*) Da wir vorausgesetzt hatten, daß φ genügend schnell gegen Null abfällt, ist $\lim_{t\to\infty}\varphi(t) = \lim_{t\to-\infty}\varphi(t) = 0$. Da $e^{-j\omega t}$ beschränkt ist, ergibt sich $[\varphi(t)e^{-j\omega t}]_{-\infty}^{\infty} = 0$.

n-fache Wiederholung ergibt die Behauptung für n. Dies ist die in 1.3 erwähnte Umwandlung der n-ten Ableitung von φ in die Multiplikation von $\hat{\varphi}(\omega)$ mit dem Polynom $(j\omega)^n$.

Vielleicht beteiligen Sie sich an der folgenden Denksportaufgabe:
Gesucht ist eine Lösung von $\varphi' = \lambda\varphi$; Fouriertransformation beider Seiten ergibt

$$(j\omega)\hat{\varphi}(\omega) = \lambda\hat{\varphi}(\omega).$$

Das kann eigentlich nur stimmen (λ ist eine Konstante), wenn $\hat{\varphi}(\omega) = 0$ gilt.
Also ist die einzige Lösung $\varphi(t) = (\hat{\varphi})^{\vee}(t) = 0$.
Aber Sie kennen doch noch andere Lösungen von $\varphi' = \lambda\varphi$. Wo sind die geblieben?

- *im Frequenzbereich*

Sei φ ○—● $\hat{\varphi}$, dann gilt

$$(-jt)^n\varphi(t) \circ\!\!-\!\!\bullet\ \hat{\varphi}^{(n)}(\omega).$$

Denn: ... Übung!

(E5) *Faltung*

- *im Zeitbereich*

Sei φ ○—● $\hat{\varphi}$, ψ ○—● $\hat{\psi}$, dann gilt

$$\varphi * \psi \circ\!\!-\!\!\bullet\ \hat{\varphi} \cdot \hat{\psi}$$

Denn: $$(\varphi * \psi)^\wedge(\omega) = \int_{-\infty}^{\infty} (\varphi * \psi)(t)e^{-j\omega t}\,dt = \int_{-\infty}^{\infty} \left(\int_{-\infty}^{\infty} \varphi(s)\psi(t-s)\,ds\right)e^{-j\omega t}\,dt$$

$$= \int_{-\infty}^{\infty} \varphi(s)\left(\int_{-\infty}^{\infty} \psi(t-s)e^{-j\omega t}\,dt\right)ds = \int_{-\infty}^{\infty} \varphi(s)\cdot(\psi_s)^\wedge(\omega)\,ds$$

$$= \int_{-\infty}^{\infty} \varphi(s)e^{-j\omega s}\hat{\psi}(\omega)\,ds = \hat{\psi}(\omega)\int_{-\infty}^{\infty} \varphi(s)e^{-j\omega s}\,ds$$

$$= \hat{\varphi}(\omega)\cdot\hat{\psi}(\omega).$$

- *im Frequenzbereich*

Sei φ ○—● $\hat{\varphi}$, ψ ○—● $\hat{\psi}$, dann gilt

$$\varphi \cdot \psi \circ\!\!-\!\!\bullet\ \frac{1}{2\pi}(\hat{\varphi} * \hat{\psi}).$$

Denn: $(\hat{\varphi} * \hat{\psi})(\omega) = \int_{-\infty}^{\infty} \hat{\varphi}(\tau)\hat{\psi}(\omega-\tau)\, d\tau = \int_{-\infty}^{\infty} \hat{\varphi}(\tau)(\hat{\psi})_\tau(\omega)\, d\tau$

$$= \int_{-\infty}^{\infty} \hat{\varphi}(\tau)\Big(\int_{-\infty}^{\infty} e^{j\tau t}\psi(t)e^{-j\omega t}\, dt\Big)\, d\tau$$

$$= \int_{-\infty}^{\infty} \Big(\int_{-\infty}^{\infty} \hat{\varphi}(\tau)e^{j\tau t}\, d\tau\Big)\psi(t)e^{-j\omega t}\, dt$$

$$= 2\pi \int_{-\infty}^{\infty} \varphi(t)\psi(t)e^{-j\omega t}\, dt = 2\pi(\varphi \cdot \psi)^{\wedge}.$$

(E6) *Parseval'sche Gleichung*

Sei φ o——● $\hat{\varphi}$, ψ o——● $\hat{\psi}$, dann gilt

$$\int_{-\infty}^{\infty} \varphi(t)\overline{\psi}(t)\, dt = \frac{1}{2\pi}\int_{-\infty}^{\infty} \hat{\varphi}(\omega)\overline{\hat{\psi}}(\omega)\, d\omega,$$

wobei $\overline{\psi}$ die zu ψ konjugiert komplexe Funktion bezeichne.

Denn aus der Faltungseigenschaft im Frequenzbereich ergibt sich

$$\int_{-\infty}^{\infty} \varphi(t)\overline{\psi}(t)e^{-j\tau t}\, dt = \frac{1}{2\pi}\, \hat{\varphi}(\omega)\hat{\overline{\psi}}(\tau-\omega)\, d\omega.$$

Setzt man $\tau = 0$, dann folgt

$$\int_{-\infty}^{\infty} \varphi(t)\overline{\psi}(t)\, dt = \frac{1}{2\pi}\int_{-\infty}^{\infty} \hat{\varphi}(\omega)\hat{\overline{\psi}}(-\omega)\, d\omega = \frac{1}{2\pi}\int_{-\infty}^{\infty} \hat{\varphi}(\omega)\overline{\hat{\psi}}(\omega)\, d\omega,$$

denn: $\overline{\hat{\psi}}(\omega) = \int_{-\infty}^{\infty} \overline{\psi(t)e^{-j\omega t}}\, dt = \int_{-\infty}^{\infty} \overline{\psi(t)}e^{j\omega t}\, dt = \hat{\overline{\psi}}(-\omega).$

Für $\varphi(t) = \psi(t)$ geht die Parsevalsche Gleichung über in

$$\int_{-\infty}^{\infty} |\varphi(t)|^2\, dt = \frac{1}{2\pi}\int_{-\infty}^{\infty} |\hat{\varphi}(\omega)|^2\, d\omega.$$

Auf der linken Seite der Gleichung steht die Gesamtenergie des Signals φ. Die Parsevalsche Gleichung sagt also aus, daß sich die Signalenergie (bis auf den Faktor $\frac{1}{2\pi}$) durch Integration über das Quadrat des Amplitudenspektrums $|\hat{\varphi}(\omega)|$ ergibt. Die Größe $|\hat{\varphi}(\omega)|^2$ bezeichnet man daher auch als *spektrale Energiedichte* von φ.

Nach soviel Theorie wollen wir nun an einigen Beispielen die Bedeutung dieser Eigenschaften für die praktische Anwendung aufzeigen. (Die dabei durchgeführten Rechenschritte sind als formal zu betrachten.)

2.3 ANWENDUNGSBEISPIELE

BEISPIEL 1

Wir betrachten ein *verzerrungsfreies* System, d.h. ein System, bei dem sich das Ausgangssignal $y(t)$ vom Eingangssignal $x(t)$ nur durch einen Maßstabsfaktor A_o und eine zeitliche Verschiebung t_o unterscheidet:

$$y(t) = A_o x(t-t_o) = A_o x_{t_o}(t).$$

Verzerrungsfreie Systeme sind linear und zeitinvariant (Nachprüfen!). Anwendung der Eigenschaften (E1) und (E2) ergibt für den Frequenzbereich die Darstellung

$$\hat{y}(\omega) = A_o e^{-j\omega t_o} \hat{x}(\omega),$$

d.h. die Übertragungsfunktion $H(\omega)$ eines verzerrungsfreien Systems ist von der Form

$$H(\omega) = A_o e^{-j\omega t_o};$$

sie besitzt also konstantes Amplitudenspektrum und lineares Phasenspektrum.

BEISPIEL 2

Die Eigenschaft (E2) läßt sich auch zur Bestimmung des Spektrums einer *amplitudenmodulierten* Schwingung

$$y(t) = x(t)\cos \omega_o t$$

aus dem Spektrum von $x(t)$ verwenden. Es ist

$$y(t) = \frac{1}{2} x(t)e^{j\omega_o t} + \frac{1}{2} x(t)e^{-j\omega_o t}$$

$$\circ\!\!-\!\!\bullet$$

$$\hat{y}(\omega) = \frac{1}{2} \hat{x}(\omega+\omega_o) + \frac{1}{2} \hat{x}(\omega-\omega_o).$$

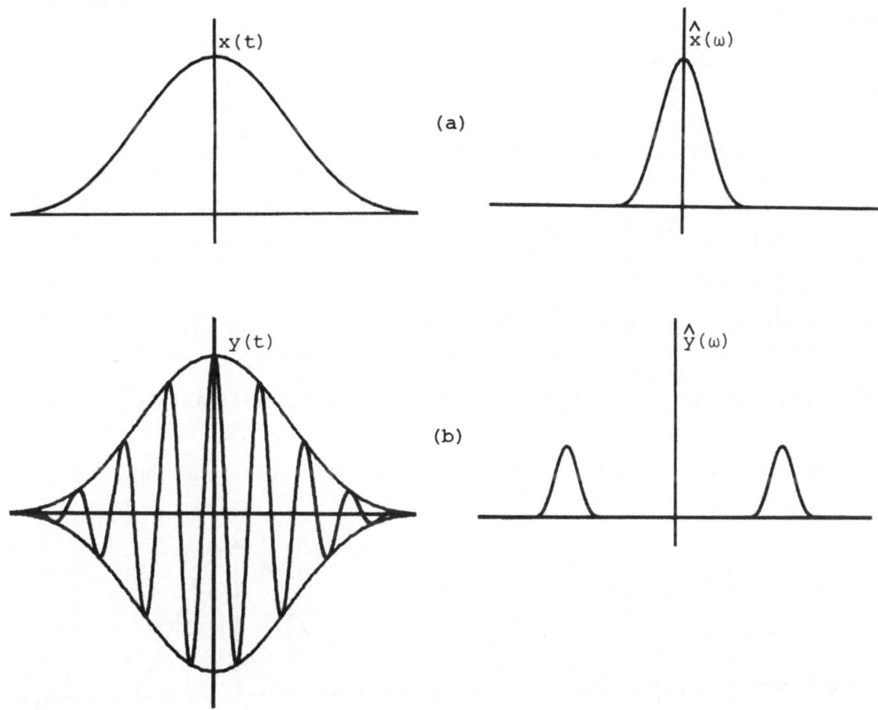

Bild 6.- (a) Eingangssignal x(t) und zugehöriges Spektrum $\hat{x}(\omega)$
(b) Amplitudenmoduliertes Signal y(t) und zugehöriges Spektrum $\hat{y}(\omega)$.

BEISPIEL 3

Eigenschaft (E3) der Fouriertransformation besagte, daß der Dehnung eines Zeitvorganges eine Verkürzung der "Breite" des Spektrums entspricht. Wir wollen diese Formulierung präzisieren.
Dazu betrachten wir ein reelles, gerades Signal x(t), das zur Zeit t = 0 annähernd konstant ist und dann schnell gegen Null abfällt. In diesem Fall ist es üblich, als *Zeitdauer* T von x zu definieren:

$$T = \frac{1}{x(0)} \int_{-\infty}^{\infty} x(t)\, dt.$$

Unter ähnlichen Voraussetzungen an das Spektrum wird häufig als *Bandbreite* B definiert:

$$B = \frac{1}{\hat{x}(0)} \int_{-\infty}^{\infty} \hat{x}(\omega)\, d\omega.$$

(Man beachte, daß $\hat{x}$ in diesem Fall reell und gerade ist.)

$$\text{Wegen } T = \frac{1}{x(0)} \int_{-\infty}^{\infty} x(t)\, dt = \frac{1}{x(0)} \int_{-\infty}^{\infty} x(t)e^{-j0t}\, dt = \frac{1}{x(0)}\, \hat{x}(0)$$

$$\text{und} \quad B = \frac{1}{\hat{x}(0)} \int_{-\infty}^{\infty} \hat{x}(\omega)\, d\omega = \frac{1}{\hat{x}(0)} \int_{-\infty}^{\infty} \hat{x}(\omega)e^{-j\omega 0}\, d\omega = \frac{2\pi}{\hat{x}(0)}\, x(0),$$

ist $TB = 2\pi$, d.h. das Produkt aus Zeitdauer und Bandbreite ist konstant.

Veranschaulichen wir uns dieses Ergebnis am Beispiel der Funktion x(t):

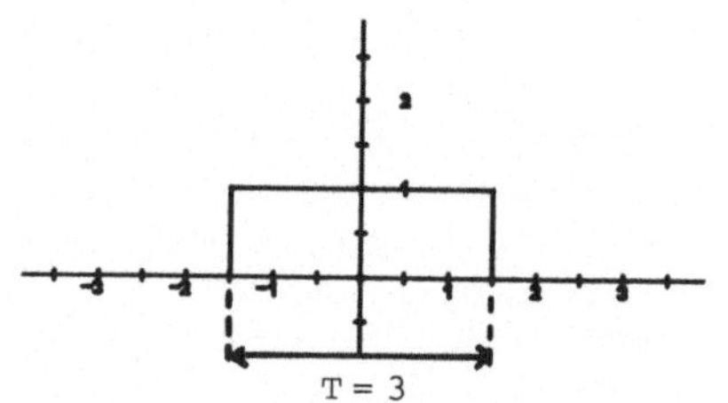

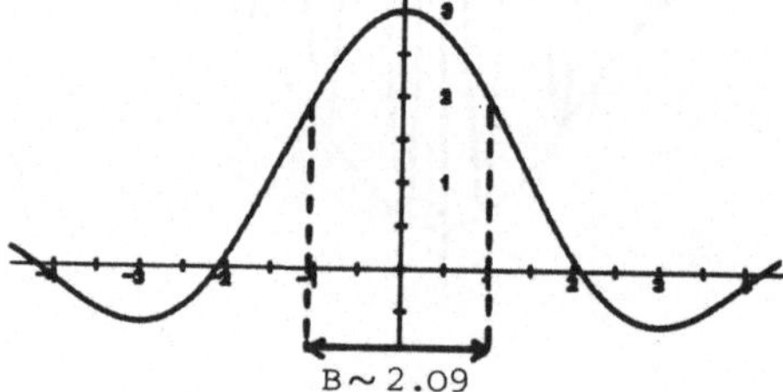

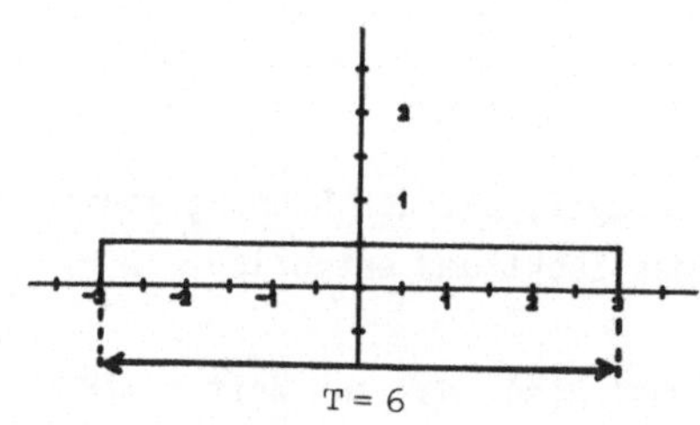

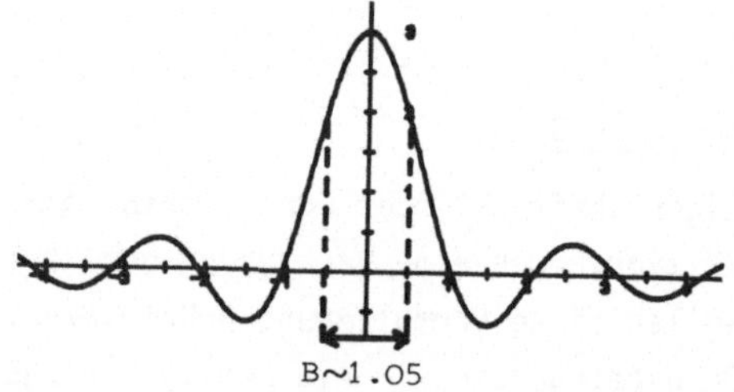

Bild 7.- $x(t) = \begin{cases} A & \text{für } t \in [-L,L] \\ 0 & \text{sonst} \end{cases}$, $\hat{x}(\omega) = 2A \cdot \frac{\sin L\omega}{\omega}$

(a) $A = a,\ L = 1.5$

(b) $A = \frac{1}{2},\ L = 3$

Benutzen Sie jetzt die Eigenschaften (E4) und (E3) zur Lösung der folgenden

<u>ÜBUNG</u>

Man bestimme die Fouriertransformierten von e^{-t^2} und e^{-at^2} $(a>0)$.

(Hinweis: Es ist $\int_{-\infty}^{\infty} e^{-t^2}\, dt = \sqrt{\pi}$.)

2.4 ÜBERLEGUNGEN ZUM RAUM DER EINGANGSSIGNALE

Offenbar ist die Fouriertransformation nützlich bei der Untersuchung linearer Systeme - dies liegt insbesondere an der Eigenschaft (E5), nach der Faltung in Multiplikation verwandelt wird. Aber die "Denksportaufgabe" zu (E4) machte auch klar, daß wir schon noch genauer definieren müssen, welche Funktionen eigentlich Fouriertransformierbar sind. In 2.1 waren wir recht vage: φ muß für $t\to+\infty$ und für $t\to-\infty$ genügend schnell gegen Null gehen. Nur solche φ sind Fouriertransformierbar, nicht Funktionen wie $\varphi(t) = 1$, $\varphi(t) = t$ oder $\varphi(t) = e^{\lambda t}$ (deshalb fielen alle Ihnen sonst bekannte Lösungen der "Denksportaufgabe" ja weg) - das ist natürlich schon eine echte Einschränkung und unsere Bemühungen im dritten Kapitel werden dahin gehen, diese Einschränkung abzuschwächen.

Was wollen wir eigentlich? Wenn wir an Systeme denken: Ein- und Ausgangssignale und Impulsantwort vernünftig erfassen und die Faltung einfach behandeln. Am besten wäre es, wenn Ein- und Ausgangsraum von gleicher mathematischer Struktur wären und ein problemloses Rechnen im Zeit- und Frequenzbereich zuließen, mit möglichst wenigen mathematisch bedingten Einschränkungen.

Was verlangen wir von diesem Ein- und Ausgangsraum X?

(a) X muß ein linearer Raum sein - wir wollen Signale überlagern und um einen Faktor verstärken.

(b) In X muß eine Fouriertransformation erklärt sein, wobei es am einfachsten wäre, wenn mit der Zeitfunktion $\varphi(t)$ in X auch die Frequenzfunktion $\hat{\varphi}(\omega)$ in X wäre. Dann wollen wir natürlich auch $(\hat{\varphi})^{\vee} = \varphi$.

(c) Signale müssen verzögert werden, d.h. mit φ soll auch φ_τ in X sein.

(d) Lineare Systeme wirken wie eine Faltung. Wenn nicht für alle, so doch für viele Funktionen h in X wollen wir daher, daß $h*\varphi\in X$ für $\varphi\in X$.

(e) Für eine breite Anwendbarkeit erwarten wir, daß φ', φ'' etc. in X ist, wenn φ in X ist.

Das ist natürlich ein riesiges Wunschpaket.

<u>OBUNG</u>

Prüfen Sie nach, welche der Eigenschaften (a) bis (e) die folgenden Räume nicht erfüllen:

(1) $C(\mathbb{R})$, die Menge aller auf ganz $\mathbb{R}$ stetigen Funktionen;

(2) $C_0^1(\mathbb{R})$, die Menge aller auf ganz $\mathbb{R}$ differenzierbaren Funktionen (deshalb die hochgestellte 1), die für $t = \pm\infty$ verschwinden (dies signalisiert der Index o);

(3) $\mathbf{L}^p(\mathbb{R})$ für p = 1,2, die Räume aller Funktionen φ, für die das Integral $\int_{-\infty}^{+\infty} |\varphi(t)|^p \, dt$ existiert.

(Hier brauchte man eigentlich Lebesgue-Integrale und einige andere Abstraktionen, um das sauber zu machen - für die praktische Anwendung ist dies nicht lebensnotwendig.)

Eine Lösung unseres Problems ist der Raum S: Er besteht aus allen <u>beliebig oft</u> differenzierbaren Funktionen $\varphi: \mathbb{R} \to \mathbb{C}$, die zusammen mit ihren Ableitungen für $t \to \pm\infty$ <u>schneller gegen Null gehen als jede Potenz von $\frac{1}{t}$</u>. Die Funktionen in S sind also ganz glatt und verschwinden sehr schnell im Unendlichen. Wenn Sie es vornehmer wollen:

$$\sup_{t\in\mathbb{R}} |t^m \varphi^{(n)}(t)| < \infty \qquad \text{für alle } m,n \in \mathbb{N}_0 .$$

Zu S gehört etwa e^{-t^2}, die Gaußsche Glockenkurve und natürlich alles, was außerhalb eines endlichen Intervalls verschwindet - solche Funktionen nennt man Funktionen mit kompaktem Träger (der Träger einer Funktion besteht aus der Menge aller Punkte t, in denen $\varphi(t) \neq 0$ ist und aus allen Randpunkten dieser Mengen). Aber vergessen Sie nicht: Die Funktion muß beliebig oft differenzierbar sein - auch dort, wo sie gerade Null wird. Deshalb ist es nicht leicht, solche Funktionen "hinzuschreiben"; etwa

$$\psi(t) = \begin{cases} e^{-\frac{1}{1-t^2}} & \text{für } |t| \leq 1 \\ 0 & \text{für } |t| > 1 \end{cases} .$$

Prüfen Sie nach, daß $\psi \in S$ und daß der Träger von ψ, kurz supp(ort)$\psi = [-1,1]$.

S hat alle gewünschten Eigenschaften (c) bis (e) - Sie haben sich das schon überlegt? Na ja, ganz so einfach ist es nicht zu sehen, daß $\hat{\varphi} \in S$ - das liegt daran, daß

$$(t^m\varphi^{(n)}(t))^\wedge(\omega) = j^m\left(\frac{d}{d\omega}\right)^m (\varphi^{(n)})^\wedge(\omega)$$

(siehe (E4) $= j^m\left(\frac{d}{d\omega}\right)^m (j\omega)^n\hat{\varphi}(\omega)$ (nach (E5))

$$= j^{m+n}(\omega^n\hat{\varphi}(\omega))^{(m)}.$$

Weil φ in S ist, ist die Fouriertransformierte von $t^m\varphi^{(n)}(t)$ sicher beschränkt, also

$$\sup_{\omega\in\mathbb{R}} |[\omega^n \hat{\varphi}(\omega)]^{(m)}| < \infty \quad \text{für alle } n,m \in \mathbb{N}_o.$$

Das ist nicht ganz die oben angegebene Bedingung für S, aber weil sie für alle $n,m \in \mathbb{N}_o$ gilt, ist sie mit dieser doch gleichwertig.

Daß $\psi * \varphi \in S$ für alle $\psi,\varphi \in S$, ist einfacher.

S ist alles in allem ein schöner Raum - aber für unsere Zwecke zu klein! Keine Sprungfunktion, kein $\varphi(t) = t$, nicht mal $\varphi(t) = \frac{1}{1+t^2}$ - alles, was wir so einfach hinschreiben können, paßt nicht.

Wir müssen viel größer werden - und es gibt dazu einen Trick, den man *Dualisierung* nennt. Er bringt uns zu den *Distributionen*.

3. DISTRIBUTIONEN

Mit diesem Kapitel betreten wir den Boden einer Auseinandersetzung, die man fast einen Glaubenskrieg nennen könnte. Die einen glauben, man benötige eine mathematisch saubere Definition der Distribution, die anderen glauben das absolut nicht. Und da wir letztlich doch zu den "einen" gehören, wollen wir versuchen, unseren Standpunkt zu begründen.
Es gibt 2 Gründe, so denken wir, die Idee einer Distribution als Funktional auf S zu verstehen:

1) Es lohnt sich. Gewiß, man muß am Anfang etwas investieren, aber die Sicherheit, die man auch und gerade beim richtigen Rechnen mit Distributionen gewinnt, ist der Mühe wert. Wer es nicht glaubt, schaue sich "theoriefreie" Beweise der Gleichung $\hat{\underline{1}} = 2\pi\delta$ an. Da steckt oft viel Intuition drin, aber Mathematik soll dem Ingenieur doch Kalkülsicherheit vermitteln.

2) Wir glauben, daß Mathematik ein Bestandteil einer "wissenschaftlichen Kultur" ist, so daß auch die Theorie der Distributionen, die heute ein fest etablierter Bestandteil der Mathematik ist, zu dieser wissenschaftlichen Kultur gehört. Man hat auch eine Idee von Quantenmechanik oder Relativität, von Linguistik und 12-Tonmusik: Warum nicht auch von Distributionen? Es ist auch eine Frage der Gewöhnung: Ingenieurstudenten, denen Distributionen als Funktionale nahegebracht werden, haben auch nicht mehr Schwierigkeiten als mit uneigentlichen Integralen.

3.1 DIE IDEE DER DISTRIBUTION

Wir wollen so wenig Ballast mitschleppen wie möglich, werden auch "mathematisch unerlässliche" Details nur am Rande erwähnen: Die Idee, daß eine Distribution eine Funktion auf der Menge S, also eine Funktion von Funktionen ist, soll klar werden. Nun sind Ihnen solche Funktionen von Funktionen, d.h. Abbildungen, die jeder Funktion einer gewissen Klasse eine Zahl zuordnen, wohlvertraut: Jeder über $\mathbb{R}$ integrierbaren Funktion φ kann man z.B. die Zahl $\int_{-\infty}^{+\infty} \varphi(t)\,dt$ zuordnen:

$$\varphi \longrightarrow \int_{-\infty}^{+\infty} \varphi(t)\,dt \qquad \text{für alle } \varphi \in \mathbf{L}^1(\mathbb{R}).$$

Das geht auch etwas allgemeiner: Ist f eine gegebene Funktion auf $\mathbb{R}$, so können wir die Abbildung

$$\varphi \longrightarrow \int_{-\infty}^{+\infty} f(t)\varphi(t)\,dt$$

für alle φ, für die das Integral existiert, definieren (Ist z.B. $f \in \mathbb{L}^1(\mathbb{R})$, so genügt, daß φ beschränkt ist.).

Solche Abbildungen von einer Menge von Funktionen in die Menge der Zahlen heißen "Funktionale". Unsere Beispiele haben noch eine besondere Eigenschaft: Sie sind lineare Funktionale, der Summe zweier Funktionen wird die Summe der entsprechenden Zahlen, dem Vielfachen einer Funktion das Vielfache der Zahl zugeordnet:

$$\varphi + \psi \longrightarrow \int_{-\infty}^{+\infty} f\varphi\,dt + \int_{-\infty}^{+\infty} f\psi\,dt, \quad \lambda\varphi \longrightarrow \lambda \int_{-\infty}^{+\infty} f\varphi\,dt.$$

Wählen wir für die Menge der φ, d.h. als den Definitionsbereich unserer Funktionale die uns schon vertraute Menge S, so müssen wir nicht viel von f verlangen, damit $\int_{-\infty}^{+\infty} f\varphi\,dt$ für alle $\varphi \in S$ existiert - $f \in \mathbb{L}^1(\mathbb{R})$ genügt jedenfalls sicher.

Jedes f aus $\mathbb{L}^1(\mathbb{R})$ definiert also ein lineares Funktional auf S . Zwei "wesentlich" verschiedene Funktionen f und g aus $\mathbb{L}^1(\mathbb{R})$ definieren auch zwei verschiedene Funktionale: Ist $f \neq g$ nicht nur in einzelnen Punkten, sondern auf einem Intervall (das nennen wir "wesentlich" verschieden), so gibt es sicher $\varphi \in S$, für die

$$\int_{-\infty}^{+\infty} f\varphi\,dt \neq \int_{-\infty}^{+\infty} g\varphi\,dt$$

(vielleicht "basteln" Sie selbst auch solche φ).

Es gibt also mindestens so viele Funktionale wie es (wesentlich verschiedene) Funktionen in $\mathbb{L}^1$ gibt. Gibt es mehr?

Kommen wir zu unserem Einheitsimpuls zurück: "Dünn und hoch und Integral 1". Etwa

$$\delta_n(t) := \begin{cases} n & \text{für } -\frac{1}{2n} \leq t \leq \frac{1}{2n} \\ 0 & \text{sonst} \end{cases}$$

oder

$$\tilde{\delta}_n(t) := \sqrt{\frac{n}{\pi}}\, e^{-nt^2}$$

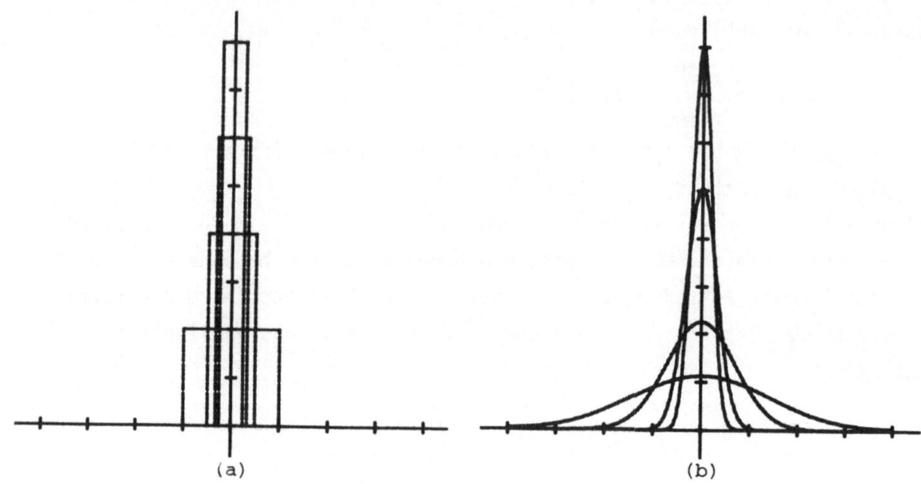

Bild 9.- (a) Funktionenfolge $\delta_n(t)$

(b) Funktionenfolge $\tilde{\delta}_n(t)$

Für großes n gibt das eine brauchbare Darstellung des Impulses - allerdings eine für das Rechnen recht unhandliche. Berechnen Sie einmal die zugehörigen Funktionale

$$\int_{-\infty}^{+\infty} \delta_n(t)\varphi(t)\,dt \quad \text{oder noch schlimmer} \quad \int_{-\infty}^{+\infty} \tilde{\delta}_n(t)\varphi(t)\,dt!$$

Das erste ergibt

$$n \int_{-\frac{1}{2n}}^{\frac{1}{2n}} \varphi(t)\,dt;$$

wenn wir hier mit $n \to \infty$ gehen, wird alles einfach:
$\varphi(t)$ weicht in dem immer kleiner werdenden Intervall $[-\frac{1}{2n}, \frac{1}{2n}]$ immer weniger von $\varphi(0)$ ab - man kann die Abweichung beliebig klein ($< \varepsilon$) machen, wenn wir n nur genügend groß machen.

Für solche n weicht das Integral von $n \int_{-\frac{1}{2n}}^{\frac{1}{2n}} \varphi(0)\,dt = \varphi(0)$ höchstens um

$\varepsilon\, n \int_{-\frac{1}{2n}}^{\frac{1}{2n}} dt = \varepsilon$ ab. Also gilt

$$\int_{-\infty}^{+\infty} \delta_n(t)\varphi(t)\, dt \longrightarrow \varphi(0) \qquad \text{für } n\to\infty.$$

Man rechnet nach, daß auch

$$\int_{-\infty}^{+\infty} \tilde{\delta}_n(t)\varphi(t)\, dt \longrightarrow \varphi(0) \qquad \text{für } n\to\infty.$$

Das ist ein neues lineares Funktional, das jedem $\varphi \in S$ den Wert von φ im Nullpunkt, also $\varphi(0)$ zuordnet.

Beachten Sie bitte, was passiert ist: Den idealisierten Einheitsimpuls stellen wir uns wie den Grenzwert $\lim_{n\to\infty} \delta_n(t)$ oder $\lim_{n\to\infty} \tilde{\delta}_n(t)$ vor - dieser Grenzwert existiert aber nicht (es sei denn, man akzeptiere das Muster: Overall Null, nur im Nullpunkt so groß, daß ...). Verstehen wir δ_n aber als Funktional, so gibt es einen ganz vernünftigen Grenzwert: Die durch δ_n definierten Funktionale streben gegen das Funktional $\varphi\to\varphi(0)$. Dieses Funktional ist deshalb die richtige Darstellung des Einheitsimpulses zum Zeitpunkt Null. Er ist keine richtige Funktion, obwohl man doch wieder ein Funktionssymbol verwendet: $\delta(t)$. Dann gilt also

$$\int_{-\infty}^{+\infty} \delta(t)\varphi(t)\, dt = \varphi(0).$$

Wenn diese Gleichung zunächst alles ist, was wir von $\delta(t)$ verwenden, ist nichts dagegen einzuwenden. Aber es ist gefährlich, "Funktionswerte" von $\delta(t)$ zu diskutieren - noch gefährlicher, normale Funktionsoperationen zu übernehmen. Verwenden Sie also z.B. <u>nicht</u> $\delta^2(t)$ - Quadrate können Sie von Zahlen bilden, von Funktions<u>werten</u>, aber von Funktionalen?

Die Idee, daß man z.B. die Eingangssignale als Funktionale, d.h. in ihrer Wirkung auf Testfunktionen erkennt, hat auch eine systemtheoretische Deutung. Betrachten Sie die durch

$$(T_\varphi x)(t) = \int_{-\infty}^{t} \varphi(\tau)x(\tau)\, d\tau$$

beschriebenen Systeme T_φ - sie sind linear und kausal, i.a. nicht zeitinvariant. Jedem φ entspricht also ein System - beachten Sie aber, daß φ nicht die Impulsantwort ist. Sie können nun die Eingangssignale dadurch beschreiben, daß Sie sie in alle diese Systeme hineinschicken und die Ausgangssignale angeben: Sie testen den Eingang anhand der Systeme T_φ, indem Sie die Ausgangssignale messen. Das klappt deshalb, weil diese Systeme glätten: Die Ausgangssignale sind vernünftige Funktionen, auch wenn der Eingang ein Einheitsimpuls ist.

Berechnen wir etwa $T_\varphi\delta$; da wir

$$\int_{-\infty}^{t} \varphi(\tau)\delta(\tau)\, d\tau$$

noch nicht kennen, verwenden wir wieder die Folge δ_n:

$$\int_{-\infty}^{t} \varphi(\tau)\delta_n(\tau)\, d\tau \xrightarrow[n\to\infty]{} \begin{cases} \varphi(0) & \text{für } t>0 \\ \frac{\varphi(0)}{2} & \text{für } t=0 \\ 0 & \text{für } t<0 \end{cases}$$

Rechnen Sie das bitte nach, indem Sie δ_n einsetzen.

Der Wert bei $t = 0$ selbst interessiert uns nicht, wir können deshalb schreiben

$$(T_\varphi\delta)(t) = \varphi(0)\sigma(t).$$

Jetzt können wir fast die Impulsantwort ausrechnen - aber was ist $\delta_\tau(t)$? Die alte Definition $\delta_\tau(t) = \delta(t-\tau)$ ist uns nicht ganz geheuer, schließlich tut sie wieder so, als ob δ eine Funktion wäre, deren Argument man verschieben kann. Doch diesmal ist es kein Problem: δ_τ ist der Einheitspuls z.Zt. $t = \tau$, als Funktional also Grenzwert von $\delta_n(t-\tau)$ und Sie rechnen leicht nach

$$\lim \int_{-\infty}^{+\infty} \delta_n(t-\tau)\varphi(t)\, dt = \varphi(\tau) =: \int_{-\infty}^{+\infty} \delta(t-\tau)\varphi(t)\, dt .$$

Wir definieren also δ_τ als Funktional, das jedem φ die Zahl $\varphi(\tau)$ zuordnet. Dann ist die Impulsantwort

$$(T_\varphi\delta_\tau)(t) = \int_{-\infty}^{t} \delta_\tau(s)\varphi(s)\, ds$$

$$= \begin{cases} \varphi(\tau), & \text{falls } t>\tau \\ 0\ , & \text{falls } t<\tau \end{cases} = \varphi(\tau)\sigma(t-\tau) = h(t,\tau) .$$

Sie erkennen, daß die Impulsantwort $h(t,\tau) = \varphi(\tau)\sigma(t-\tau)$ nicht nur von $t-\tau$ abhängt; es handelt sich also nicht um zeitinvariante Systeme. Wir können aber schreiben

$$(T_\varphi x)(t) = \int_{-\infty}^{+\infty} \varphi(\tau) (t-\tau)x(\tau)\, d\tau$$

- man sieht unmittelbar, daß dies mit der ursprünglichen Definition übereinstimmt.

δ_τ ist also definiert durch die Gleichung

$$(T_\varphi \delta_\tau)(t) = \varphi(\tau)\sigma(t-\tau)$$

- rechts steht eine normale Funktion als Ausgang für alle Testsysteme T_φ.

In diesem Sinne können wir nicht nur δ_τ, sondern alle Eingangssignale x als Funktionale, d.h. als Eingangssignale der Systeme T_φ beschreiben, die "vernünftige" Ausgangssignale $T_\varphi[x]$ erzeugen.
Ob Ihnen diese systemtheoretische Deutung hilft oder nicht: Es sollte klar sein, daß alle $f \in \mathbf{L}^1(\mathbb{R})$ lineare Funktionale auf S erzeugen, daß es aber nicht nur solche gibt, die von solchen richtigen Funktionen erzeugt sind. Diese linearen Funktionale auf S, diese Eingangssignale der Systeme T_φ heißen auch *Distributionen* oder *verallgemeinerte Funktionen*.

3.2 DEFINITION UND BEISPIELE FÜR DISTRIBUTIONEN

Eine *Distribution* f ist ein stetiges, lineares Funktional auf S, d.h. eine stetige lineare Abbildung, die jedem φ aus S eine im allgemeinen komplexe Zahl zuordnet.

Schreibweise: $f: \varphi \to (f,\varphi) \in \mathbb{C}$.
(Wir schreiben also nicht $f(\varphi)$, was ja auch vernünftig wäre - die Schreibweise (f,φ) soll verdeutlichen, daß es sich nun insbesondere um lineare Funktionen handelt.)
Unklar ist hier noch das Wort "stetig"; es ist erforderlich, weil Funktionen von Funktionen nicht notwendigerweise stetig sein müssen, wenn sie linear sind. Ein Funktional $f: S \to \mathbb{C}$ heißt *stetig*, wenn aus $\varphi_n \to 0$ in S auch $(f,\varphi_n) \to 0$ in $\mathbb{C}$ folgt. Aber was ist $\varphi_n \to 0$ in S? Konvergenz in Funktionenräumen ist etwas kompliziert, obwohl wir sie hier definieren könnten; wir benötigen sie aber weiter nicht und verzichten deshalb darauf - wenn Sie mit diesen Dingen nicht vertraut sind, würde es Ihnen sowieso wenig nützen. Für Interessierte sei auf [5] oder [24] verwiesen.

Die Funktionen φ in S nennen wir *Testfunktionen*, die Menge der Distributionen heißt S'. S' ist auch der *duale Raum* zu S, der Übergang vom Funktionenraum S zum Funktionalraum S', der uns einen genügend umfangreichen Eingangssignalraum liefert, heißt *Dualisierung* - wir haben das Wort schon oben erwähnt.

BEISPIELE

(1) Die "δ-Funktion" ist eine Distribution, definiert durch

$$(\delta,\varphi) := \varphi(0).$$

(2) Ist f eine komplexwertige Funktion in $\mathbb{L}^1(\mathbb{R})$, so definieren wir das Funktional

$$(f,\varphi) := \int_{-\infty}^{+\infty} \overline{f}(t)\varphi(t)\,dt$$

(wir benutzen $\overline{f}$ statt f wie in 3.1, wenn f komplexwertig ist).
f ist also Funktion und Funktional gleichzeitig - wir bezeichnen sie auch mit dem gleichen Symbol, denn die "Doppelrolle" von f bereitet keine praktischen Schwierigkeiten.

(3) Die Forderung, daß f in $\mathbb{L}^1$ ist, daß also $\int_{-\infty}^{+\infty} |f(t)|dt < \infty$, ist zu stark - es genügt, daß $\int_{-\infty}^{+\infty} \overline{f}(t)\varphi(t)\,dt$ für alle φ in S definiert ist. Dafür wiederum genügt, daß f über jedes endliche Intervall integrierbar (*lokal integrierbar*) ist und höchstens so schnell wie ein Polynom (also z.B. nicht wie die e-Funktion) wächst.
Alle solche durch Funktionen gegebenen Distributionen heißen *regulär*, die anderen wie etwa δ *singulär*.
Polynome, Sprungfunktionen, periodische Funktionen wie Sinus, Cosinus etc. definieren also reguläre Distributionen. Wir benötigen noch ein singuläres Beispiel.

(4) Die Funktion $f(t) = \frac{1}{t}$ ist nicht lokal integrierbar - der Nullpunkt macht Probleme, denn z.B. existiert ja $\int_{-1}^{+1} \frac{1}{t}\,dt$ nicht!
Deshalb hat auch ein Integral

$$\int_{-\infty}^{+\infty} f(t)\varphi(t)\,dt = \int_{-\infty}^{+\infty} \frac{1}{t}\,\varphi(t)\,dt$$

keinen Sinn. Man kann ihm jedoch durch eine kleine Abänderung der Integraldefinition einen Sinn verleihen:
$\int_{-1}^{+1} \frac{1}{t}\,dt$ konvergiert nicht, weil dazu die Existenz zweier Grenzwerte

$$\lim_{\varepsilon\to 0+} \int_{\varepsilon}^{1} \frac{1}{t}\, dt \quad \text{und} \quad \lim_{\varepsilon'\to 0+} \int_{-1}^{-\varepsilon'} \frac{1}{t}\, dt$$

notwendig ist; beide Grenzwerte existieren nicht. Nähern wir uns aber dem Nullpunkt "gleichzeitig und symmetrisch" von oben und von unten, bilden also

$$\lim_{\varepsilon\to 0+} \left(\int_{-1}^{-\varepsilon} \frac{1}{t}\, dt + \int_{\varepsilon}^{1} \frac{1}{t}\, dt \right),$$

so schwächen wir zwar den Konvergenzbegriff ab, erhalten aber in diesem Fall ein Ergebnis:

$$= \lim_{\varepsilon\to 0+} \left([\ln|t|]_{-1}^{-\varepsilon} + [\ln|t|]_{\varepsilon}^{1} \right) = \lim_{\varepsilon\to 0+} (\ln|\varepsilon| - \ln|\varepsilon|) = 0.$$

Die divergierenden Terme heben sich also gegenseitig weg. Man schreibt, um die "Manipulation" in der Konvergenz deutlich zu machen, $⨍$ an Stelle von $\int$ und nennt das Ganze *Cauchyschen Hauptwert*.

Genauso definieren wir

$$⨍_{-\infty}^{+\infty} \frac{1}{t}\, \varphi(t)\, dt := \lim_{\varepsilon\to 0+} \left[\int_{-\infty}^{-\varepsilon} \frac{\varphi(t)}{t}\, dt + \int_{\varepsilon}^{\infty} \frac{\varphi(t)}{t}\, dt \right],$$

und dieser Grenzwert existiert für alle $\varphi \in S$ (Warum?).
Wir schreiben für dieses Funktional $P\,\frac{1}{t}$ (P wegen *principal value*).
also

$$(P\,\tfrac{1}{t}, \varphi) = ⨍_{-\infty}^{+\infty} \frac{1}{t}\, \varphi(t)\, dt.$$

Ähnlich kann man auch für andere Polstellen von f Hauptwerte definieren.
$P\,\frac{1}{t}$ ist keine reguläre, also eine singuläre Distribution.
Jetzt wissen wir, was Distributionen sind; aber wie rechnet man mit ihnen?

3.3 DAS RECHNEN MIT DISTRIBUTIONEN

Wie addiert, differenziert man Distributionen? Kann man die unabhängigen Veränderlichen transformieren? All dies ist natürlich nicht "gottgegeben", sondern muß definiert werden. Definitionen müssen aber sinnvoll sein - und das heißt hier insbesondere: Auch normale Funktionen, die wir schon addieren, differenzieren können, sind ja Distributionen; für diese regulären Distributionen muß die neue Definition mit den alten Operationen übereinstimmen.

Wir gehen umgekehrt vor: Wir nehmen Funktionen und schauen nach, wie sich die üblichen Operationen mit ihnen auf die zugehörigen Distributionen ausweiten; das Ergebnis benutzen wir dann als Definition für <u>alle</u> Distributionen, also auch für singuläre, für die ja noch nichts definiert war.

Addition von Distributionen ist fast trivial: Sind f und g aus $\mathbf{L}^1$, so ist $(f+g)(t) = f(t)+g(t)$ definiert und aus $\mathbf{L}^1$; damit ist

$$(f+g,\varphi) = \int_{-\infty}^{+\infty} \overline{(f+g)(t)}\varphi(t)\, dt = \int_{-\infty}^{+\infty} (\overline{f(t)+g(t)})\varphi(t)\, dt$$

$$= \int_{-\infty}^{+\infty} \overline{f}(t)\varphi(t)\, dt + \int_{-\infty}^{+\infty} \overline{g}(t)\varphi(t)\, dt = (f,\varphi) + (g,\varphi).$$

Also <u>definieren</u> wir für <u>alle</u> Distributionen $f,g \in S'$

$$(f+g,\varphi) = (f,\varphi) + (g,\varphi).$$

Ebenso: Ist $\lambda \in \mathbb{C}$, so definieren wir λf durch

$$(\lambda f,\varphi) := \overline{\lambda}(f,\varphi).$$

Eigentlich muß man nachweisen, daß $f+g$ und λf wieder in S' ist - das ist aber langweilig und zunächst hier trivial. Man kann diese und entsprechende Beweise für andere Operationen in [5] oder [24] nachlesen.

Translation und Streckung sind schon spannender: Was ist $\delta(3t-2)$? Beginnen wir wieder mit $f \in \mathbf{L}^1$; dann ist $f(as+b)$ definiert und

$$(f(as+b),\varphi(s)) = \int_{-\infty}^{+\infty} \overline{f(as+b)}\varphi(s)\, ds \overset{as+b=t}{=\!=} \frac{1}{|a|} \int_{-\infty}^{+\infty} \overline{f(t)}\varphi(\tfrac{t-b}{a})\, dt$$

$$= \frac{1}{|a|} (f(t),\varphi(\tfrac{t-b}{a}))$$

(Überlegen Sie, warum da $\frac{1}{|a|}$ und nicht nur $\frac{1}{a}$ steht!)
Also wählen wir für alle f in S' folgende

<u>DEFINITION</u>

Ist $f \in S'$, so wird $f(as+b)$, $a,b \in \mathbb{R}$, $a \neq 0$ definiert durch

$$(f(as+b),\varphi(s)) := \frac{1}{|a|} (f(t),\varphi(\tfrac{t-b}{a})),\quad \varphi \in S.$$

Also ist

$$(\delta(3t-2),\varphi(t)) = \frac{1}{3} (\delta(\tau),\varphi(\tfrac{\tau+2}{3})) = \frac{1}{3} \varphi(\tfrac{2}{3})$$

das alte $\delta_\tau(t) = \delta(t-\tau)$ erklärt sich jetzt auch:

$$(\delta(t-\tau),\varphi(t)) = (\delta(t),\varphi(t+\tau)) = \varphi(\tau) = (\delta_\tau(t),\varphi(t)).$$

Noch interessanter ist die

Differentiation

Sind f und f' nicht schneller wachsend als ein Polynom, so ist

$$(f',\varphi) = \int_{-\infty}^{+\infty} \overline{f'(t)}\varphi(t)\,dt = \text{(partielle Integration)}$$

$$= \underbrace{[\overline{f(t)}\varphi(t)]_{-\infty}^{+\infty}} - \int_{-\infty}^{+\infty} \overline{f(t)}\varphi'(t)\,dt = -(f,\varphi')$$

= 0, weil φ schneller fällt als f wächst!

Entsprechend gilt $(f^{(n)},\varphi) = (-1)^n(f,\varphi^{(n)})$. Für beliebiges $f \in S'$ definieren wir also:

DEFINITION

Die n-te Ableitung einer Distribution $f \in S'$ ist definiert durch

$$(f^{(n)},\varphi) = (-1)^n(f,\varphi^{(n)}).$$

BEISPIELE

(1) Wir können also jede Distribution ableiten, auch wenn sie regulär ist und die zugrundeliegende Funktion selbst nicht differenziebar ist - z.B. die Sprungfunktion $\sigma(t)$:

$$(\sigma',\varphi) = -(\sigma,\varphi') = -\int_{-\infty}^{+\infty} \sigma(t)\varphi'(t)\,dt = -\int_0^{\infty} \varphi'(t)\,dt$$

$$= -[\varphi(t)]_0^{\infty} \quad \varphi(0) = (\delta,\varphi).$$

Also ist $\sigma' = \delta$ - eine Gleichung in S', als Funktion existiert natürlich σ' nicht!

(2) Machen wir weiter:

$(\sigma'',\varphi) = (\delta',\varphi) = -(\delta,\varphi') = -\varphi'(0)$.

δ' ist also das Funktional, das jedem φ den Wert $-\varphi'(0)$ zuordnet.

Jetzt klappt es noch weniger mit "Null überall, nur im Nullpunkt ...".

Wählen wir für δ als Näherung wieder $\tilde{\delta}_n$ (δ_n geht nicht, weil wir differenzieren wollen), so erhalten wir

$$\tilde{\delta}_n'(t) = -\sqrt{\frac{n}{\pi}}\, 2nte^{-nt^2}, \quad t \in \mathbb{R}.$$

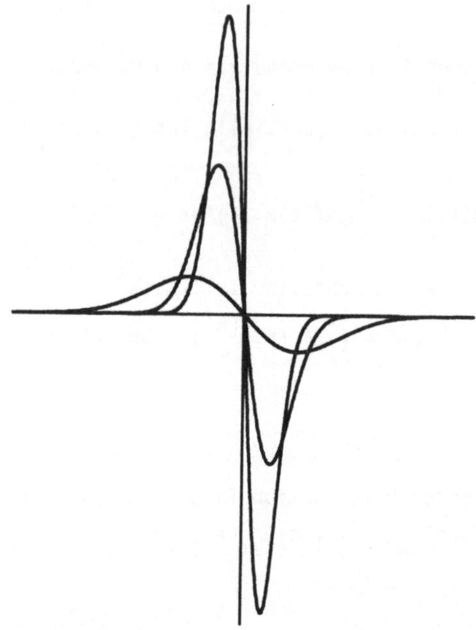

Bild 9.- Funktionenfolge $\tilde{\delta}_n'$ zur Veranschaulichung von δ'

Wenn wir annehmen, daß mit $\tilde{\delta}_n \to \delta$ auch $\tilde{\delta}_n' \to \delta'$ (das ist auch gerechtfertigt, aber über die Konvergenz von Distributionen sprechen wir erst später), so ist δ' so etwas wie ein im "Nullpunkt sitzender Dipol".

ÜBUNG

(1) Lösen Sie nun Übung (2) und (3) aus Abschnitt 1.2, bestimmen Sie also die Impulsantwort und die Sprungantwort der Systeme

$$y(t) = x'(t)$$
$$y(t) = x''(t) - 2x(t).$$

Stellen Sie die Ausgangssignale durch Faltungsintegrale dar.

(2) (a) Geben Sie die Ableitung der Funktion

$$\operatorname{sgn} t = \begin{cases} +1 & t \geq 0 \\ -1 & t < 0 \end{cases}$$

an (im Sinne von Distributionen).

(b) Sei f eine Funktion, die für $t \neq t_0$ stetig differenzierbar ist (im Sinne von Funktionen). Bestimmen Sie die Ableitung der Distribution f.

Multiplikation - nicht von Distribution mit Distribution, sondern nur von Distribution mit Funktion.

Sei ψ eine Funktion mit der Eigenschaft, daß $\overline{\psi}\cdot\varphi \in S$ wenn $\varphi \in S$; dazu muß ψ natürlich beliebig oft differenzierbar sein und höchstens so schnell wachsen wie ein Polynom (ψ heißt dann *Multiplikator* in S). Für $f \in \mathbf{L}^1$ ist dann

$(\psi f,\varphi) = \int_{-\infty}^{+\infty} \overline{\psi(t)f(t)}\,\varphi(t)\,dt = \int_{-\infty}^{+\infty} \overline{f(t)}\;\overline{\psi(t)}\varphi(t)\,dt = (f,\overline{\psi}\varphi)$. Deshalb also folgende

DEFINITION

Ist $f \in S'$ und ψ ein Multiplikator in S', so definieren wir

$$\psi f \in S' \quad \text{durch} \quad (\psi f,\varphi) := (f,\overline{\psi}\varphi).$$

BEISPIELE

(1) $(\psi\delta,\varphi) = (\delta,\overline{\psi}\varphi) = \overline{\psi}(0)\varphi(0) = \overline{\psi}(0)(\delta,\varphi)$, also

$$\psi(t)\delta(t) = \overline{\psi}(0)\delta(t).$$

Das sieht unschuldig aus - hat aber seltsame Konsequenzen, z.B.

$$t\cdot\delta(t) = 0;$$

hier ist ein Produkt Null, ohne daß einer der Faktoren Null ist - man muß also beim Lösen von Aufgaben wie: Gegeben Multiplikator ψ und Distribution g, suche Distribution f mit $\psi f = g$, aufpassen (siehe Beispiel 2).

(2) Was ist $t\cdot P\,\frac{1}{t}$? (Aufpassen: $L(t) = t$ ist Multiplikator, $P\,\frac{1}{t}$ ist eine singuläre Distribution.)

$$(t\cdot P\,\frac{1}{t},\varphi) = (P\,\frac{1}{t},t\varphi) = \fint_{-\infty}^{+\infty} \frac{t\varphi(t)}{t}\,dt = \fint_{-\infty}^{+\infty} \varphi(t)\,dt$$

= (der Cauchysche Hauptwert kann fallengelassen werden, weil das uneigentliche Integral ja im üblichen Sinn konvergiert)

$= \int_{-\infty}^{+\infty} \varphi(t)\, dt = \int_{-\infty}^{+\infty} 1 \cdot \varphi(t)\, dt = (1,\varphi)$, also $t \cdot P\frac{1}{t} = 1$.

(Lesen Sie die rechte Seite richtig: 1 ist hier die reguläre Distribution, die der lokal integrierbaren Funktion $f(t) = 1$ entspricht!) Welche $f \in S'$ erfüllen also $t \cdot f = 1$? Zumindest alle Distributionen der Form $f = P\frac{1}{t} + \alpha\delta$ mit beliebigem $\alpha \in \mathbb{C}$; das sind, wie man zeigen kann, aber auch alle. Den Anteil $\alpha\delta$ darf man aber nicht vergessen.

Eine Multiplikation von Distributionen ist auf handliche Weise nicht definierbar. Wir warnen nochmals vor Rechnungen mit nicht existenten Dingen wie $\delta \cdot \delta'$ oder δ^2!

Faltung

Schwieriger aber sehr wichtig ist es, die Faltung von Distributionen zu definieren - schließlich kann man ein kausales zeitinvariantes System als Faltung darstellen.

Beginnen wir wieder mit $f,g \in \mathbb{L}^1$. Dann ist $f * g$ ebenfalls in $\mathbb{L}^1$ (das ist nicht ganz leicht, aber ein "klassisches" Ergebnis), und es gilt

$$(f * g,\varphi) = \int_{-\infty}^{+\infty} \overline{(f * g)(t)}\, \varphi(t)\, dt = \int_{-\infty}^{+\infty} \overline{\left(\int_{-\infty}^{+\infty} f(s)g(t-s)\, ds\right)}\varphi(t)\, dt$$

= (vertauschen wir die Reihenfolge der Integration) =

$$\int_{-\infty}^{+\infty} \overline{f(s)} \left(\int_{-\infty}^{+\infty} \overline{g(t-s)}\varphi(t)\, dt\right) ds = \int_{-\infty}^{+\infty} \overline{f(s)}\left(\int_{-\infty}^{+\infty} \overline{g(r)}\varphi(r+s)\, dr\right) ds$$

$$= \left(f(s), \int_{-\infty}^{+\infty} \overline{g(r)}\varphi(r+s)\, dr\right) = (f(s),(g(r),\varphi(r+s)));$$

hier lohnt es sich, die Argumente beider Distributionen zu notieren: $\varphi(r+s)$ ist für festes s eine Testfunktion, auf die wir die Distribution g anwenden; das Ergebnis hängt natürlich von s ab. Wenn nun die Funktion

$$s \longrightarrow (g(r),\varphi(r+s))$$

wieder eine Testfunktion ist, können wir auf diese die Distribution f anwenden.

Aber wann ist dieses "wenn" erfüllt? Hier einige Beispiele:

(1) Ist $g = \delta$, so ist

$$\psi(s) = (g(r),\varphi(r+s)) = (\delta(r),\varphi(r+s)) = \varphi(s),$$

also sicher in S.

(2) Ist $g = 1$, $\varphi(t) = e^{-t^2}$, so ist

$$\psi(s) = \int_{-\infty}^{+\infty} e^{-(r+s)^2}\, dr = \sqrt{\pi},$$

d.h. ψ verschwindet nicht im Unendlichen und ist nicht in S.

Man muß also aufpassen: $f * g$ existiert nicht für beliebige $f,g \in S'$.
Wir geben hier die wichtigsten Fälle an, in denen es aber doch klappt.

DEFINITION

Sind f und g in $\mathbf{L}^1(\mathbb{R})$ oder ist
f in S', g in S oder sind
f und g in S', g aber Null außerhalb eines beschränkten Intervalls,
so ist $f * g$ in S' definiert durch

$$(f * g,\varphi) = (f(s),(g(t),\varphi(s+t))),\quad \varphi \in S.$$

(Man muß ein wenig aufpassen bei "g = 0 außerhalb eines beschränkten Intervalls"; es meint: Es gibt ein beschränktes Intervall [a,b], so daß für alle $\varphi \in S$ mit $\varphi(t) = 0$ in [a,b] gilt $(g,\varphi) = 0$. *))

Bis auf die Definitionsprobleme ist die Faltung aber sehr einfach zu benutzen:

Es gilt $f * g = g * f$ und $f * (g * h) = (f * g) * h$ und vor allem

$$(f * g)' = f * g' = f' * g$$

- eine wunderbar einfache "Faltungsproduktregel".

Rechnen wir ein paar Faltungen aus:

BEISPIEL

δ, δ' etc. verschwinden sicher außerhalb [-1,1], also existiert für alle $f \in S'$

---

*) Wir sagen in diesem Fall, g ist eine *Distribution mit kompaktem Träger.*

$(f*\delta,\varphi) = (f(s),(\delta(t),\varphi(t+s)) = (f(s),\varphi(s))$, d.h.

$$f*\delta = f \qquad (= \delta * f);$$

$$(f*\delta',\varphi) = (f(s),(\delta'(t),\varphi(t+s))) = (f(s),-\varphi'(s)) = (f',\varphi)$$

$$f*\delta' = f'$$

- klar, denn $f' = (f*\delta)' = f*\delta' = f'*\delta$.

Bei einiger Vorsicht kann man die Regel $(f*g)' = f'*g$ auf lineare, zeitinvariante Systeme übertragen. Das lautet dann so:

$T(f) = T(\delta * f) = T(\delta) * f = h*f$, wobei $h = T(\delta)$ die Impulsantwort ist.

Das ist unsere frühere Darstellung von T als Faltung mit h!

Das war's dann nun an allgemeiner Theorie über Distributionen. Nach unserer Meinung nicht zu schlimm - vor allem, wenn wir jetzt die Ernte einfahren können: Distributionen sind viel gutmütiger als Funktionen (wir wissen z.B. schon: Es gibt nur differenzierbare), lassen sich gut Fouriertransformieren und werden so ein mächtiges Hilfsmittel für die praktische Rechnung.

4. FOURIERTRANSFORMATION VON DISTRIBUTIONEN

4.1 DEFINITION DER FOURIERTRANSFORMATION

Um die Definition der Fouriertransformation von Distributionen plausibel zu machen, betrachten wir zunächst wieder reguläre Distributionen.

Ist $f \in L^1(\mathbb{R})$ und $\varphi \in S$, dann ist $\hat{f}$ beschränkt und $\hat{\varphi} \in S$, also existiert

$$(\hat{f}(\omega),\hat{\varphi}(\omega)) = \int_{-\infty}^{\infty} \overline{\hat{f}(\omega)}\ \hat{\varphi}(\omega)\, d\omega = \int_{-\infty}^{\infty} \left(\int_{-\infty}^{\infty} \overline{f(t)e^{-j\omega t}}\, dt\right)\hat{\varphi}(\omega)\, d\omega$$

$$= \int_{-\infty}^{\infty} \overline{f(t)}\left(\int_{-\infty}^{\infty} \hat{\varphi}(\omega)e^{j\omega t}\, d\omega\right) dt$$

$$= \int_{-\infty}^{\infty} \overline{f(t)}\ 2\pi(\hat{\varphi})^{\vee}(t)\, dt$$

$$= 2\pi \int_{-\infty}^{\infty} \overline{f(t)}\varphi(t)\, dt = 2\pi(f,\varphi).$$

DEFINITION

Ist $f \in S'$, dann wird die *Fouriertransformierte* $\hat{f}$ von f definiert durch

$$(\hat{f},\hat{\varphi}) := 2\pi(f,\varphi) \qquad \text{für } \varphi \in S.$$

Da wir jede Funktion aus S in der Form $\hat{\varphi}$ darstellen können, ist damit wieder eine Distribution erklärt *); mit anderen Worten: Für jede Distribution existiert die Fouriertransformierte.

Auf die gleiche Weise definieren wir die inverse Fouriertransformation. Sei wieder $f \in L^1(\mathbb{R})$ und $\varphi \in S$, dann ist $\check{f}$ beschränkt und $\check{\varphi} \in S$; damit existiert

*) Die Abbildung $\wedge$: $S \to S$ ist bijektiv mit Umkehrabbildung $\vee$: $S \to S$.

$$(\check{f},\check{\varphi}) = \int_{-\infty}^{\infty} \overline{\check{f}(t)\check{\varphi}(t)}\, dt = \int_{-\infty}^{\infty} \left(\frac{1}{2\pi}\int_{-\infty}^{\infty} \overline{f(\omega)e^{j\omega t}}\, d\omega\right)\check{\varphi}(t)\, dt$$

$$= \frac{1}{2\pi}\int_{-\infty}^{\infty} \overline{f(\omega)}\left(\int_{-\infty}^{\infty} \check{\varphi}(t)e^{-j\omega t}\, dt\right) d\omega = \frac{1}{2\pi}\int_{-\infty}^{\infty} \overline{f(\omega)}(\check{\varphi})^{\wedge}(\omega)\, d\omega$$

$$= \frac{1}{2\pi}\,(f,(\check{\varphi})^{\wedge}) = \frac{1}{2\pi}\,(f,\varphi).$$

Dies gibt Anlaß zur folgenden

DEFINITION

Ist $f \in S'$, dann wird die *inverse Fouriertransformierte* $\check{f}$ von f definiert durch

$$(\check{f},\check{\varphi}) = \frac{1}{2\pi}\,(f,\varphi) \qquad \text{für } \varphi \in S.$$

Da jedes Element aus S auch in der Form $\check{\varphi}$ darstellbar ist, wird damit wieder eine Distribution definiert.

Es ist $(\check{f})^{\wedge} = f$, d.h. f ○——● $\hat{f}$.

Aus den Definitionen lassen sich einige nützliche Rechenregeln herleiten. Beweisen Sie diese als

ÜBUNG

(1) $(\check{f})^{\wedge} = f$

(2) $(\hat{f},\varphi) = 2\pi(f,\check{\varphi})$

(3) $(\check{f},\varphi) = \frac{1}{2\pi}\,(f,\hat{\varphi})$

Es ist jetzt einfach, die Fouriertransformierte der δ-Funktion zu bestimmen:

$$(\hat{\delta},\hat{\varphi}) = 2\pi(\delta,\varphi) = 2\pi\varphi(0) = 2\pi(\hat{\varphi})^{\vee}(0) = 2\pi\cdot\frac{1}{2\pi}\int_{-\infty}^{\infty} \hat{\varphi}(\omega)e^{j\omega 0}\, d\omega$$

$$= \int_{-\infty}^{\infty} 1\cdot\hat{\varphi}(\omega)\, d\omega = (1,\hat{\varphi}),$$

d.h. $\hat{\delta} = 1$. Umgekehrt erhält man

$$(\hat{1},\hat{\varphi}) = 2\pi(1,\varphi) = 2\pi \int_{-\infty}^{\infty} \varphi(t)\, dt = 2\pi \int_{-\infty}^{\infty} \varphi(t)e^{-j0t}\, dt$$

$$= 2\pi\hat{\varphi}(0) = 2\pi(\delta,\hat{\varphi})$$

d.h. $\hat{1} = 2\pi\delta$.

Vergleichen Sie bitte die "distributionsfreien Beweise" dieser Aussage. Danach schauen Sie sich bitte noch einmal die Eigenschaften der Fouriertransformation für Funktionen aus S in Abschnitt 2.2 an.

Wir werden jetzt zeigen, daß sich diese Eigenschaften auf S' übertragen.

4.2 EIGENSCHAFTEN DER FOURIERTRANSFORMATION VON DISTRIBUTIONEN

(E1) *Linearität*

Sind $f,g \in S'$, $f \circ\!\!-\!\!\bullet \hat{f}$, $g \circ\!\!-\!\!\bullet \hat{g}$ und $a_1,a_2 \in \mathbb{C}$, dann gilt

$$a_1 f + a_2 g \circ\!\!-\!\!\bullet a_1\hat{f} + a_2\hat{g}.$$

Diese Eigenschaft folgt sofort aus der Definition der Fouriertransformation.

(E2) *Translation*

- *im Zeitbereich*

Ist $f \in S'$ mit $f \circ\!\!-\!\!\bullet \hat{f}$, $t_o \in \mathbb{R}$, dann gilt

$$f_{t_o}(t) \circ\!\!-\!\!\bullet e^{-j\omega t_o}\hat{f}(\omega)$$

Denn: $((f_{t_o})^\wedge,\hat{\varphi}) = 2\pi(f_{t_o},\varphi) = 2\pi(f(t-t_o),\varphi(t)) = 2\pi(f(t),\varphi(t+t_o))$

$$= 2\pi(f(t),\varphi_{-t_o}(t)) = (\hat{f},(\varphi_{-t_o})^\wedge) = (\hat{f}(\omega),e^{j\omega t_o}\hat{\varphi}(\omega))$$

$$= (\overline{e^{j\omega t_o}}\hat{f}(\omega),\hat{\varphi}(\omega)) = (e^{-j\omega t_o}\hat{f}(\omega),\hat{\varphi}(\omega)).$$

- *im Frequenzbereich*

Ist $f \in S'$ mit $f \circ\!\!-\!\!\bullet \hat{f}$, $\omega_o \in \mathbb{R}$, dann gilt

$$e^{j\omega_o t} f(t) \circ\!\!-\!\!\bullet (\hat{f})_{\omega_o}(\omega).$$

Denn: ... Beweisen Sie das als Übung.

(E3) *Streckung*

- *im Zeitbereich*

Ist $f \in S'$ mit f o——● $\hat{f}$, $a \in \mathbb{R}$, $a \neq 0$, dann gilt

$$f(at) \;\circ\!\!-\!\!\bullet\; \frac{1}{|a|}\,\hat{f}(\tfrac{\omega}{a}).$$

Denn: $$((f(at))^{\wedge},\hat{\varphi}) = 2\pi(f(at),\varphi(t)) = 2\pi(f(t),\frac{1}{|a|}\,\varphi(\tfrac{t}{a}))$$
$$= (\hat{f}(\omega),\hat{\varphi}(a\omega)) = (\frac{1}{|a|}\,\hat{f}(\tfrac{\omega}{a}),\hat{\varphi}(\omega)).$$

- *im Frequenzbereich*

Ist $f \in S'$, f o——● $\hat{f}$, $a \in \mathbb{R}$, $a \neq 0$, dann gilt

$$\frac{1}{|a|}\,f(\tfrac{t}{a}) \;\circ\!\!-\!\!\bullet\; \hat{f}(a\omega).$$

Denn: ... Übung!

(E4) *Differentiation*

- *im Zeitbereich*

Ist $f \in S'$, f o——● $\hat{f}$, dann gilt

$$f^{(n)}(t) \;\circ\!\!-\!\!\bullet\; (j\omega)^n\,\hat{f}(\omega).$$

Machen Sie sich klar, daß $(j\omega)^n\,\hat{f}(\omega)$ eine Distribution ist (vgl. 3.3 Multiplikation von Distributionen mit Funktionen).

Denn: $$((f^{(n)})^{\wedge},\hat{\varphi}) = 2\pi(f^{(n)},\varphi) = (-1)^n 2\pi(f,\varphi^{(n)}) = (-1)^n(\hat{f},\,(j\omega)^n\,\hat{\varphi})$$
$$= ((-1)^n(\overline{j\omega})^n\,\hat{f},\hat{\varphi}) = ((j\omega)^n\,\hat{f}(\omega),\hat{\varphi}(\omega)).$$

- *im Frequenzbereich*

Ist $f \in S'$, f o——● $\hat{f}$, dann gilt

$$(-jt)^n f(t) \;\circ\!\!-\!\!\bullet\; \hat{f}^{(n)}(\omega).$$

Denn: ... Übung!

(E5) *Faltung*

- *im Zeitbereich*

Sind $f,g \in S'$, f o——● $\hat{f}$, g o——● $\hat{g}$ und ist $f * g$ definiert (vgl. S. 39), dann gilt

$$f * g \;\circ\!\!-\!\!\bullet\; \hat{f}\cdot\hat{g}.$$

- *im Frequenzbereich*

Sind $f,g\in S'$, f ○—● $\hat{f}$, g ○—● $\hat{g}$ und ist $\hat{f}*\hat{g}$ definiert, dann gilt

$$f\cdot g \ \circ\!\!-\!\!\bullet\ \frac{1}{2\pi}(\hat{f}*\hat{g}).$$

Wir wollen die Faltungssätze hier nicht beweisen. Aber wir müssen uns noch überlegen, ob die Korrespondenz mit unseren bisherigen Definitionen in Einklang steht. So treten in beiden Sätzen z.B. Produkte $\hat{f}\cdot\hat{g}$ bzw. $f\cdot g$ auf, allgemein konnte jedoch keine Multiplikation von Distributionen definiert werden.
Schauen wir uns dazu noch einmal an, für welche Distributionen die Faltung erklärt war.

(a) $f,g\in L^1(\mathbb{R})$,

dann sind $\hat{f}$ und $\hat{g}$ beschränkt, und durch $\hat{f}\cdot\hat{g}$ ist eine Distribution definiert.

(b) $f\in S'$, $g\in S$,

dann ist $\hat{f}\in S'$ und $\hat{g}\in S$, und $\hat{f}\cdot\hat{g}$ ist ebenfalls definiert.

(c) $f,g\in S'$, g eine Distribution mit kompaktem Träger.

Man kann zeigen, daß die Fouriertransformierte einer Distribution mit kompaktem Träger eine beliebig oft differenzierbare Funktion ist, die höchstens so stark wächst wie ein Polynom. Für solche Funktionen hatten wir aber auch die Multiplikation mit Distributionen definiert.
Die Korrespondenz $f*g$ ○—● $\hat{f}\cdot\hat{g}$ stimmt damit mit unseren bisherigen Definitionen überein.
Analoge Überlegungen gelten auch für $f\cdot g$ ○—● $\frac{1}{2\pi}(\hat{f}*\hat{g})$.

Wir wollen nun die obigen Eigenschaften benutzen, um die Fouriertransformation von einigen wichtigen Distributionen zu bestimmen:

ÜBUNG

Berechnen Sie

(1) $(\delta_{t_0})^\wedge$,

(2) $(\delta')^\wedge$,

(3) $(\delta^{(n)})^\wedge$,

(4) $(e^{jt})^\wedge$.

Noch einige <u>BEISPIELE</u>

(1) Gesucht: Die Fouriertransformierte eines Polynoms

$$P(t) = a_0 + a_1 t + \ldots + a_n t^n, \; a_i \in \mathbb{C}.$$

Wir schreiben formal

$$P(\tfrac{1}{j}\tfrac{d}{dt}) = a_0 + a_1 \cdot \tfrac{1}{j}\tfrac{d}{dt} + \ldots + a_n \cdot (\tfrac{1}{j}\tfrac{d}{dt})^n$$

und berechnen zunächst die Fouriertransformierte von $P(\frac{1}{j}\frac{d}{dt})f$ für $f \in S'$: Aus den Eigenschaften (E1) und (E4) folgt

$$P(\tfrac{1}{j}\tfrac{d}{dt})f(t) = a_0 f(t) + \frac{a_1}{j} f'(t) + \ldots + \frac{a_n}{j^n} f^{(n)}(t)$$

$$\circ\!\!-\!\!\bullet$$

$$a_0\hat{f}(\omega) + a_1\omega\hat{f}(\omega) + \ldots + a_n\omega^n\hat{f}(\omega) = P(\omega)\cdot\hat{f}(\omega).$$

Zeigen Sie nun, daß

$$P(t)\cdot f(t) \quad \circ\!\!-\!\!\bullet \quad P(-\tfrac{1}{j}\tfrac{d}{d\omega})\hat{f}(\omega) = P(j\tfrac{d}{d\omega})\hat{f}(\omega).$$

Mit $f(t) \equiv 1$ folgt hieraus

$$\hat{P} = P(j\tfrac{d}{d\omega}) = 2\pi P(j\tfrac{d}{d\omega})\delta,$$

d.h.

$$a_0 + a_1 t + \ldots + a_n t^n$$

$$\circ\!\!-\!\!\bullet$$

$$2\pi(a_0\delta + ja_1\delta' + \ldots + j^n a_n \delta^{(n)}).$$

Insbesondere ist

$$\hat{t} = 2\pi j\delta'.$$

(2) Etwas problematischer ist die Bestimmung der Fouriertransformierten der Sprungfunktion $\sigma(t)$.
Aus Eigenschaft (E4) folgt zunächst

$$(\sigma')^\wedge = (j\omega)\hat{\sigma}.$$

Andererseits ist $\sigma' = \delta$, also $(\sigma')^\wedge = \hat{\delta} = 1$.

Damit erhalten wir

$$(j\omega)\hat{\sigma} = 1.$$

Die Gleichung kennen wir schon aus Kapitel 3 mit t statt ω.

Danach folgt

$$\hat{\sigma} = P\,\frac{1}{j\omega} + k\delta \quad \text{mit beliebigem } k \in \mathbb{C}.$$

Zur Bestimmung dieses k betrachten wir die inverse Fouriertransformation

$$(\hat{\sigma})^{\vee} = \left(P\,\frac{1}{j\omega}\right)^{\vee} + (k\delta)^{\vee},$$

also

$$\sigma = \left(P\,\frac{1}{j\omega}\right)^{\vee} + \frac{k}{2\pi}\,.$$

$P\,\frac{1}{j\omega}$ ist imaginär und ungerade, $\left(P\,\frac{1}{j\omega}\right)^{\vee}$ ist also reell und ungerade (vgl. Tabelle in 2.1), $\frac{k}{2\pi}$ ist reell und gerade. Benutzen wir jetzt noch, daß sich jede Funktion f eindeutig aufspalten läßt in einen geraden Anteil f_g und einen ungeraden Anteil f_u:

$$f = f_u + f_g \quad \text{mit} \quad f_u = \tfrac{1}{2}(f(t)-f(-t)), \quad f_g = \tfrac{1}{2}(f(t)+f(-t)),$$

dann erhalten wir einerseits

$$\sigma_g(t) = \tfrac{1}{2}(\sigma(t)+\sigma(-t))$$
$$= \tfrac{1}{2}$$

und andererseits

$$\sigma_g(t) = \frac{k}{2\pi},$$

also

$$\frac{1}{2} = \frac{k}{2\pi}$$

und somit

$$k = \pi.$$

Unser Ergebnis lautet also

$$\hat{\sigma}(\omega) = P\,\frac{1}{j\omega} + \pi\delta(\omega).$$

Zum Abschluß dieses Kapitels wollen wir uns noch mit der Fouriertransformation von periodischen Funktionen beschäftigen. Dazu wiederholen wir zunächst einige grundlegende Begriffe aus der Theorie der Fourierreihen.

4.3 FOURIERREIHEN

Sei f(t) eine periodische Funktion mit Periode T, d.h. f(t+T) = f(t), weiter sei f lokal integrierbar. Die Zahlen

$$c_n = \frac{1}{T} \int_{-\frac{T}{2}}^{\frac{T}{2}} f(t) e^{-j \frac{2\pi}{T} nt} dt, \; n \in \mathbb{Z},$$

heißen *Fourierkoeffizienten* von f bzgl. T und die Reihe

$$\sum_{n=-\infty}^{\infty} c_n e^{j \frac{2\pi}{T} nt}$$

heißt *Fourierreihe* von f bzgl. T.

Definiert man die Funktion $f_o(t)$ durch

$$f_o(t) = \begin{cases} f(t) \; , & \text{für } -\frac{T}{2} < T < \frac{T}{2} \\ 0 \; , & \text{sonst} \end{cases} ,$$

dann lassen sich die Fourierkoeffizienten von f darstellen durch

$$c_n = \frac{1}{T} \hat{f}_o(\frac{2\pi}{T} n).$$

Es gibt eine Reihe von hinreichenden Bedingungen, wann eine periodische Funktion f durch ihre Fourierreihe dargestellt werden kann, d.h. wann

$$f(t) = \sum_{n=-\infty}^{\infty} c_n e^{j \frac{2\pi}{T} nt} \quad *)$$

gilt. Zum Beispiel

- f differenzierbar oder
- f stetig und f besitzt nur endlich viele Maxima oder Minima im Intervall $[-\frac{T}{2}, \frac{T}{2}]$ oder
- f besitzt nur endlich viele Sprungstellen und endlich viele Maxima oder

---

*) Das Symbol $\sum_{n=-\infty}^{\infty}$ ist immer zu interpretieren als $\lim_{k\to\infty} \sum_{n=-k}^{k}$.

Minima im Intervall $[-\frac{T}{2},\frac{T}{2}]$ *).

Betrachten wir als BEISPIEL die "Sägezahn-Welle":

$$f(t) = \frac{2}{T}\,t, \quad -\frac{T}{2} < t \leq \frac{T}{2}, \quad f(t+T) = f(t)$$

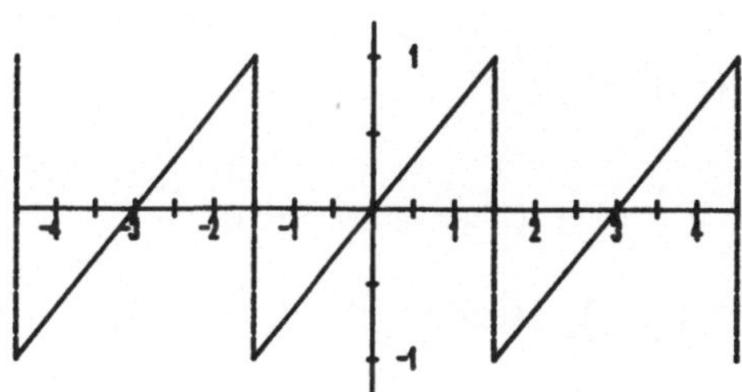

Bild 10.-

Für die Fourierkoeffizienten von f erhält man ($n \neq 0$):

$$c_n = \frac{1}{T}\int_{-\frac{T}{2}}^{\frac{T}{2}} f(t)e^{-j\frac{2\pi}{T}nt}\,dt = \frac{2}{T^2}\int_{-\frac{T}{2}}^{\frac{T}{2}} te^{-j\frac{2\pi}{T}nt}\,dt$$

$$= -\frac{1}{j\pi nT}\left[te^{-jn\frac{2\pi}{T}t}\right]_{-\frac{T}{2}}^{\frac{T}{2}} - \frac{2}{T^2}\int_{-\frac{T}{2}}^{\frac{T}{2}} e^{-j\frac{2\pi}{T}nt}\,dt$$

$$= -\frac{1}{j\pi nT}\left[te^{-jn\frac{2\pi}{T}t}\right]_{-\frac{T}{2}}^{\frac{T}{2}} + \frac{1}{j\pi nT}\left[e^{-jn\frac{2\pi}{T}t}\right]_{-\frac{T}{2}}^{\frac{T}{2}}$$

$$= -\frac{1}{j\pi nT}\left[\frac{T}{2}\,e^{-jn\pi} + \frac{T}{2}\,e^{jn\pi}\right] + \frac{1}{j\pi nT}\left[e^{-jn\pi} - e^{jn\pi}\right]$$

---

*) In diesem Fall konvergiert die Fourierreihe an einer Sprungstelle t_o gegen $\frac{1}{2}(f(t_o+) + f(t_o-))$.

$$= \begin{cases} +\frac{j}{\pi n}, & \text{falls n gerade} \\ -\frac{j}{\pi n}, & \text{falls n ungerade} \end{cases},$$

und $c_o = 0$.

Damit ist

$$f(t) = \sum_{\substack{n=-\infty \\ n \neq 0}}^{\infty} (-1)^n \frac{j}{\pi n} e^{j \frac{2\pi}{T} nt}.$$

In den Punkten $t_k = k \frac{T}{2}$ gilt (überlegen Sie)

$$f(k \frac{T}{2}) = \sum_{\substack{n=-\infty \\ n \neq 0}}^{\infty} (-1)^n \frac{j}{\pi n} e^{j\pi nk} = 0.$$

Wir haben bereits erwähnt, daß man jede lokal integrierbare periodische Funktion als Distribution auffassen kann. Wir müssen noch klären, was es heißen soll, daß sich f durch eine Fourrierreihe darstellen läßt. Dazu benötigen wir einen Konvergenzbegriff in S'.

Wir sagen: Eine Folge (f_n) von Distributionen *konvergiert* gegen eine Distribution f, wenn

$$\lim_{n\to\infty} (f_n,\varphi) = (f,\varphi) \qquad \text{für alle } \varphi \in S \text{ gilt.}$$

Prüfen Sie nach, daß dann $f_n \to f$ gleichbedeutend ist mit $\hat{f}_n \to \hat{f}$.

Zeigen Sie mit Hilfe dieser Eigenschaft als

ÜBUNG

$$\lim_{n\to\infty} \frac{\sin nt}{\pi t} = \delta(t) \qquad \text{(im Sinne von Distributionen!)}$$

(Hinweis: Zeigen Sie zunächst, daß die Funktion $\omega \to \begin{cases} 1 & \text{für } |\omega| \leq n \\ 0 & \text{sonst} \end{cases}$ die Fouriertransformierte von $\frac{\sin nt}{\pi t}$ ist.

Man kann jetzt herleiten (was wir hier jedoch nicht tun wollen), daß sich jede lokal integrierbare periodische Funktion (aufgefaßt als Distribution) durch ihre Fourierreihe darstellen läßt, d.h. ist f periodisch mit Periode

T, dann gilt

$$(f(t),\varphi(t)) = (\sum_{n=-\infty}^{\infty} c_n e^{j\frac{2\pi}{T}nt},\varphi(t)) \qquad \text{für alle } f \in S.$$

Konvergente Reihen in S' haben die angenehme Eigenschaft, daß sie sich gliedweise differenzieren und Fouriertransformieren lassen. Die zweite Eigenschaft benutzen wir im folgenden Abschnitt.

4.4 FOURIERTRANSFORMATION PERIODISCHER FUNKTIONEN

Wir wollen die Fouriertransformierte der Distribution

$$f(t) = \sum_{n=-\infty}^{\infty} c_n e^{j\frac{2\pi}{T}nt}$$

bestimmen. Es ist

$$\hat{f}(\omega) = \sum_{n=-\infty}^{\infty} c_n (e^{j\frac{2\pi}{T}nt})^{\wedge}.$$

Aus Eigenschaft (E2) in Abschnitt 4.2 folgt

$$(e^{j\omega_0 t} \cdot 1)^{\wedge} = (\hat{1})_{\omega_0}(\omega) = 2\pi\delta(\omega-\omega_0),$$

also

$$(e^{j\frac{2\pi}{T}nt})^{\wedge} = 2\pi\delta(\omega-n\frac{2\pi}{T})$$

und damit

$$\hat{f}(\omega) = 2\pi \sum_{n=-\infty}^{\infty} c_n\, \delta(\omega-n\frac{2\pi}{T}).$$

Periodische Funktionen besitzen kein kontinuierliches Spektrum, sondern ein sogenanntes *Linienspektrum*.

BEISPIEL

Die Fouriertransformierte der "Sägezahn-Welle"

$$f(t) = \sum_{\substack{n=-\infty \\ n\neq 0}}^{\infty} (-1)^n \frac{1}{\pi n} e^{j\frac{2\pi}{T}nt}$$

ist damit

$$\hat{f}(\omega) = \sum_{\substack{n=-\infty \\ n\neq 0}}^{\infty} (-1)^n \frac{2j}{n} \delta(\omega - n\frac{2\pi}{T}).$$

ÜBUNG

Bestimmen Sie zunächst die Fourierreihen und dann die Fouriertransformierten der Funktionen

(1) $$f(t) = \begin{cases} +1, & 0 < t \leq \frac{T}{2} \\ -1, & -\frac{T}{2} < t < 0 \end{cases}$$

$$f(t+T) = f(t)$$

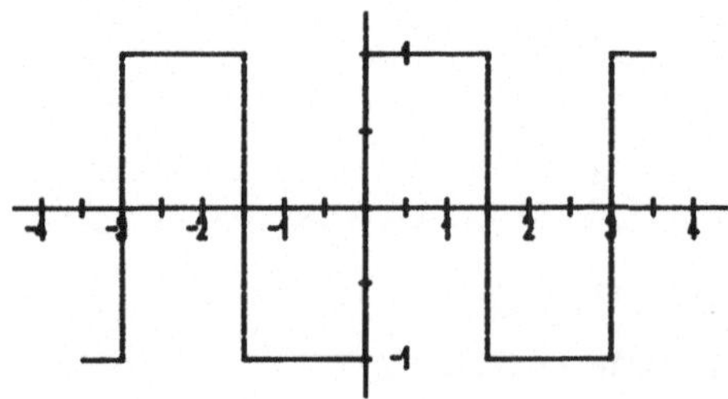

Bild 11.-

(2) $$g(t) = \begin{cases} 1 - \frac{4}{T}\, t, & 0 < t < \frac{T}{2} \\ 1 + \frac{4}{T}\, t, & -\frac{T}{2} < t < 0 \end{cases}$$

$$g(t+T) = g(t)$$

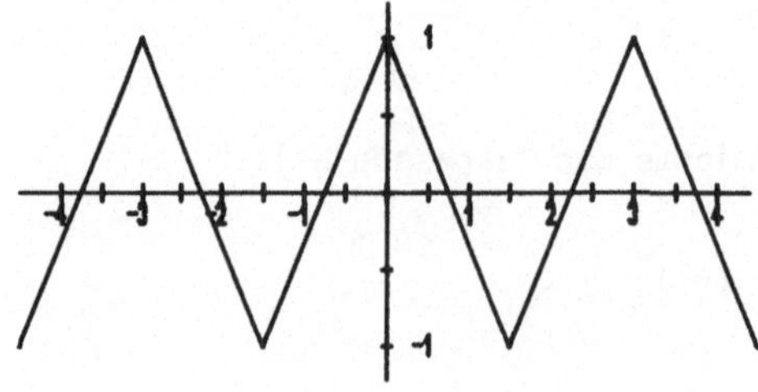

Bild 12.-

Betrachten wir jetzt einen sogenannten *Impulskamm*

$$d_T(t) = \sum_{n=-\infty}^{\infty} \delta(t-nT).$$

Zunächst müssen wir klären, ob es sich hierbei um eine Distribution handelt, d.h. ob die Reihe in S' konvergiert. Es ist

$$\left(\sum_{n=-\infty}^{\infty} \delta(t-nT),\varphi(t)\right) = \sum_{n=-\infty}^{\infty} (\delta(t-nT),\varphi(t)) = \sum_{n=-\infty}^{\infty} \varphi(nT).$$

Die letzte Reihe ist konvergent für alle $\varphi \in S$ (Warum?).
$d_T(t)$ ist also eine Distribution in S'.

Überlegen Sie sich, daß d_T eine periodische Distribution ist, d.h. es ist $(d_T(t+T),\varphi(t)) = (d_T(t),\varphi(t))$ für alle $\varphi \in S$.

Man kann jetzt noch zeigen (was wir hier aber nicht tun wollen), daß $d_T(t)$ durch eine Fourierreihe darstellbar ist:

$$d_T(t) = \sum_{n=-\infty}^{\infty} \delta(t-nT) = \frac{1}{T} \sum_{n=-\infty}^{\infty} e^{j\frac{2\pi}{T}nt}.$$

Die Fouriertransformierte der letzten Reihe kennen wir schon, es ist

$$\hat{d}_T(\omega) = \frac{2\pi}{T} \sum_{n=-\infty}^{\infty} \delta(\omega-n\frac{2\pi}{T}).$$

Damit erhält man die Korrespondenz

$$\sum_{n=-\infty}^{\infty} \delta(t-nT) \circ\!\!-\!\!\!-\!\!\bullet \frac{2\pi}{T} \sum_{n=-\infty}^{\infty} \delta(\omega-n\frac{2\pi}{T}),$$

d.h. die Fouriertransformierte eines Impulskammes liefert wieder einen Impulskamm.

Mit Hilfe dieses Ergebnisses wollen wir uns die Fouriertransformation periodischer Funktionen noch einmal veranschaulichen.
Sei f(t) eine lokal integrierbare periodische Funktion mit Periode T. Wir definieren wieder

$$f_0(t) = \begin{cases} f(t) & \text{für } -\frac{T}{2} < t < \frac{T}{2} \\ 0 & \text{sonst} \end{cases}$$

Dann ist (überlegen Sie sich das)

$$f(t) = f_0(t) * d_T(t).$$

Da f_o eine Distribution mit kompaktem Träger ist, kann man den Faltungssatz anwenden, und man erhält:

$$\hat{f}(\omega) = \hat{f}_o(\omega) \frac{2\pi}{T} \sum_{n=-\infty}^{\infty} \delta(\omega - n \frac{2\pi}{T}).$$

Dies stimmt auch mit unserem früheren Ergebnis überein, denn es ist

$$\hat{f}_o(\omega) \frac{2\pi}{T} \sum_{n=-\infty}^{\infty} \delta(\omega - n \frac{2\pi}{T}) = \frac{2\pi}{T} \sum_{n=-\infty}^{\infty} \hat{f}_o(\omega)\delta(\omega - n \frac{2\pi}{T})$$

$$= \frac{2\pi}{T} \sum_{n=-\infty}^{\infty} \hat{f}_o(n \frac{2\pi}{T})\delta(\omega - n \frac{2\pi}{T})$$

$$= 2\pi \sum_{n=-\infty}^{\infty} c_n \delta(\omega - n \frac{2\pi}{T})$$

(c_n Fourierkoeffizienten von f).

Schauen Sie sich hierzu Bild 13 auf der nächsten Seite an.

Damit ist ein Zusammenhang zwischen der Periodisierung einer Funktion (im Zeitbereich) und der Diskretisierung (im Frequenzbereich) hergestellt. Dieser Zusammenhang spielt eine wichtige Rolle bei der Abtastung von Signalen.

$f_0(t)$
$\frac{T}{2}$
$d_T(t)$
T
Faltung
$(f_0 * d_T)(t)$
$\frac{T}{2}$
$(\hat{f}_0 \cdot \hat{d}_T)(t)$
Multi-
plikation
$\hat{f}_0(\omega)$
$\hat{d}_T(\omega)$
$\frac{2\pi}{T}$

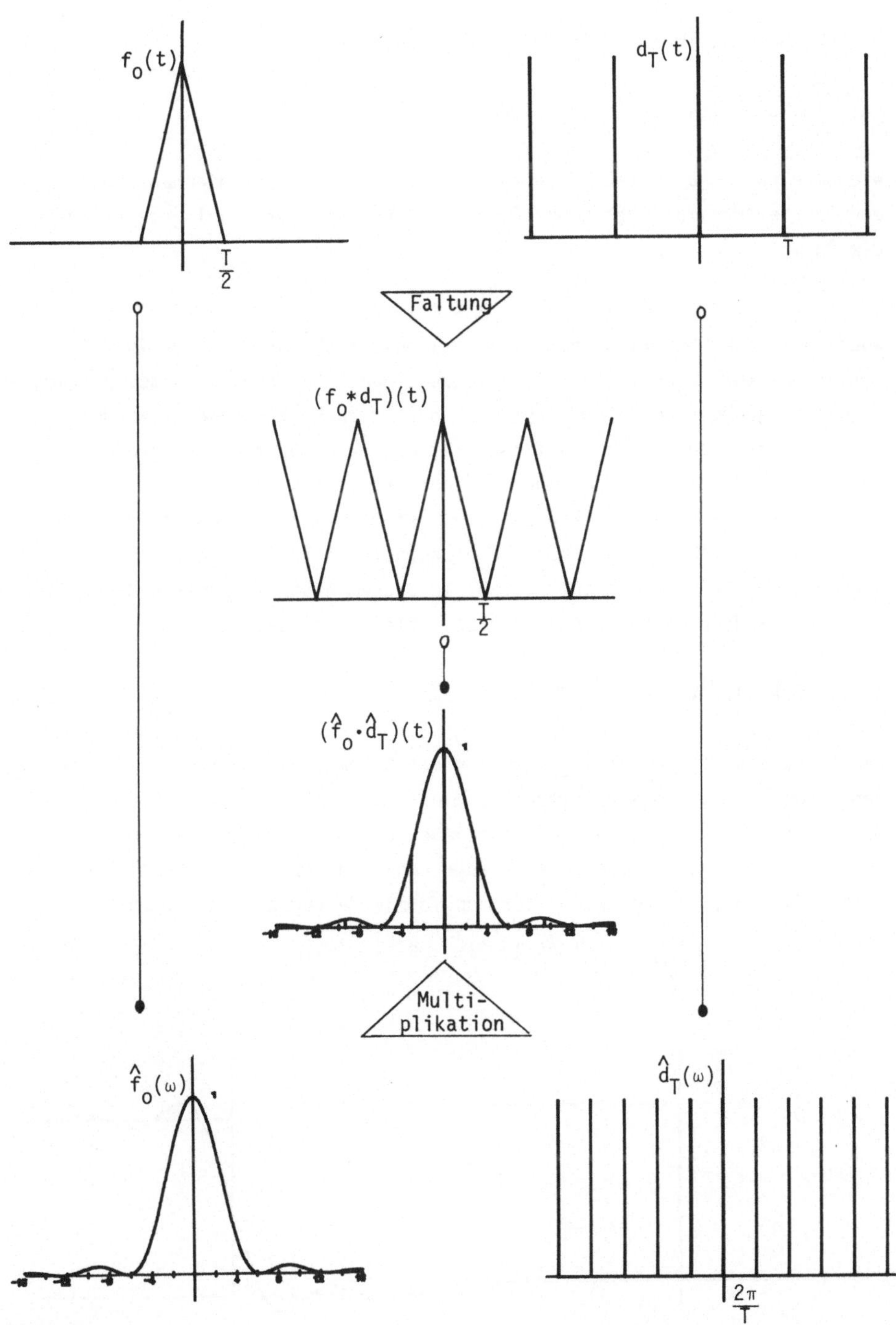

Bild 13.-

5. ZUSAMMENHANG ZWISCHEN ZEIT- UND FREQUENZBEREICH

5.1 EIGENSCHAFTEN ZEIT- BZW. BANDBEGRENZTER FUNKTIONEN

Wie bereits in Abschnitt 1.2 gezeigt wurde, ist der Zusammenhang zwischen den Fouriertransformierten von Eingangs- und Ausgangssignal gegeben durch die Formel

$$\hat{y}(\omega) = H(\omega) \cdot \hat{x}(\omega) ,$$

wobei $H(\omega)$ die Übertragungsfunktion des entsprechenden Systems ist. Ist $|H(\omega)| \ll 1$ für große ω, so folgt hieraus, daß hohe Frequenzen des Ausgangssignals gegenüber denen des Eingangssignals stark abgeschwächt werden. Im Idealfall bandbegrenzter Funktionen ist $H(\omega) = 0$ für genügend große ω. Aus $\hat{y} = H \cdot \hat{x}$ folgt, daß dann auch $\hat{y}$ bandbegrenzt ist. Wenn auch dieser Spezialfall unrealistisch ist, können doch Systeme mit abklingender Übertragungsfunktion durch Abschneiden hoher Frequenzanteile beliebig gut durch bandbegrenzte Systeme angenähert werden. In diesem Abschnitt sollen daher Eigenschaften bandbegrenzter Funktionen beschrieben werden.

5.1.1 DER SATZ VON BERNSTEIN

Eine Funktion $f(t)$ heißt *bandbegrenzt* mit Schranke Ω, wenn für alle Frequenzen ω mit $|\omega| > \Omega$ die Fouriertransformierte $\hat{f}(\omega)$ gleich Null ist.
Sehen wir uns zunächst an zwei Beispielen an, wie sich Funktionen $f(t)$ verändern, wenn hohe Frequenzanteile abgeschnitten werden. Wir bezeichnen mit $f_\Omega(t)$ die Funktion, deren Fouriertransformierte gegeben ist durch

$$\hat{f}_\Omega(\omega) = \begin{cases} \hat{f}(\omega), & |\omega| \leq \Omega \\ 0 \quad , & |\omega| > \Omega \end{cases} .$$

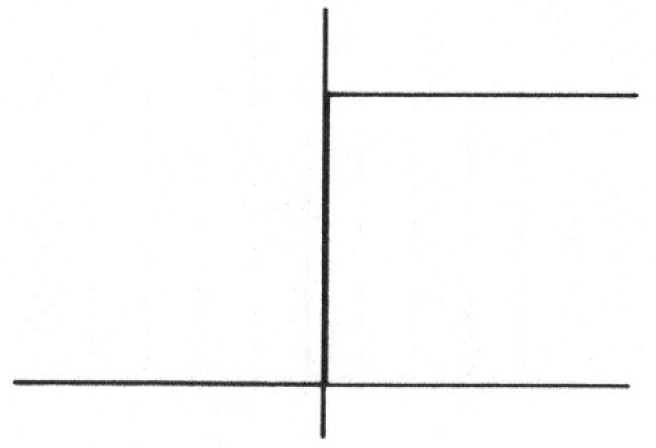
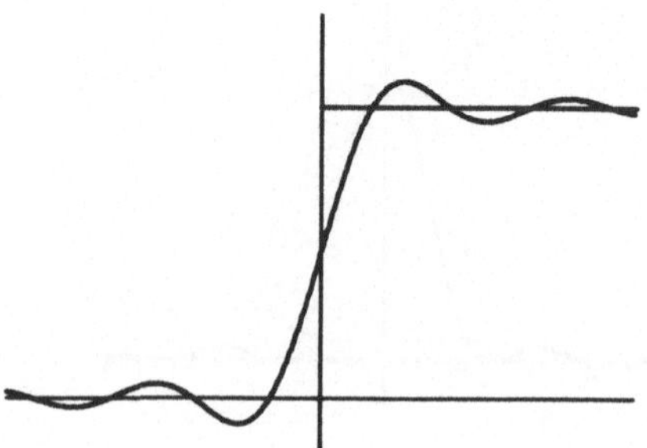

Bild 14.- (a)

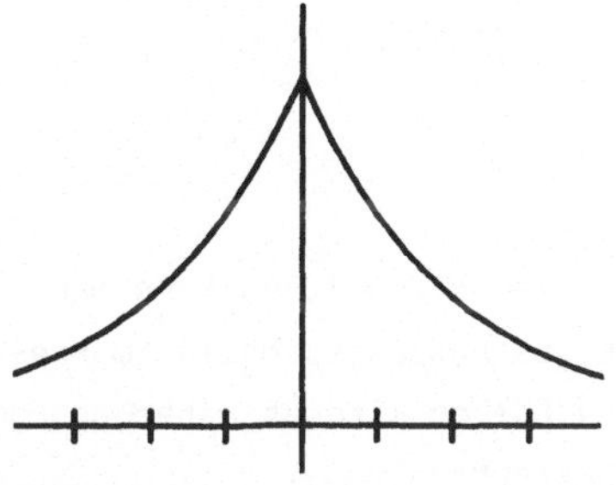
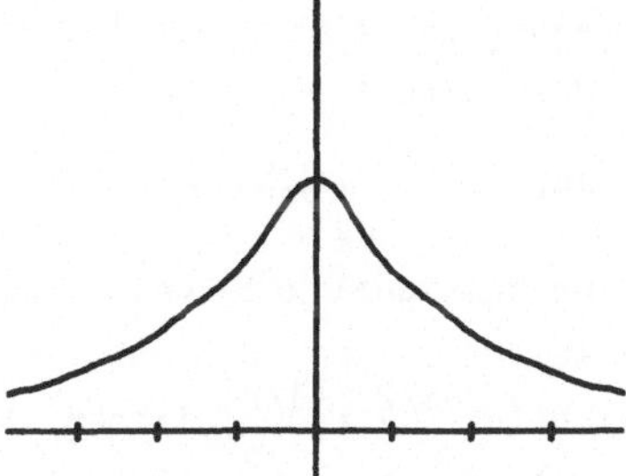

Bild 14.- (b)

Beim Vergleich von f und f_Ω in Bild 14 fällt folgendes auf:

a) Die Funktion f_Ω ist (im Gegensatz zu f) stetig differenzierbar.

b) f_Ω hat unbeschränkten Träger, ist also zeitlich nicht begrenzt.

c) f(t) und $f_\Omega(t)$ weichen am stärksten ab in Bereichen, wo f nicht "glatt" (also z.B. unstetig oder nicht stetig differenzierbar) ist.

Die hier beschriebenen Merkmale gelten für beliebige bandbegrenzte Funktionen und folgen aus dem Satz von Bernstein:

SATZ VON BERNSTEIN

Eine beschränkte, durch Ω bandbegrenzte Funktion f(t) ist beliebig oft differenzierbar, und es gilt

$$|f^{(n)}(t)| \leq \Omega^n \cdot \sup\{|f(\tau)|, \tau \in \mathbb{R}\} .$$

Der Beweis dieses Satzes kann z.B. im Buch von J. Arsac [1], S. 234 ff nachgelesen werden.

Aus dem Satz von Bernstein folgt beispielsweise: Die Anstiegszeit eines bandbegrenzten Signals vom Nullpunkt bis zum höchsten Wert $A := \sup\{|f(\tau)|, \tau \in \mathbb{R}\}$ ist mindestens gleich $1/\Omega$. Ist nämlich $f(t_0) = 0$ und $f(t_1) = A$, so ist

$$\left|\frac{f(t_1) - f(t_0)}{t_1 - t_0}\right| \leq \sup\{|f'(\tau)|, \tau \in \mathbb{R}\} \leq \Omega \cdot A$$

und daher $|t_1 - t_0| \geq 1/\Omega$. (Der Wert $1/\Omega$ eines durch Ω bandbegrenzten Filters wird daher auch *Filterkonstante* genannt.)

BEISPIEL

Die Übertragungsfunktion eines *Butterworth-Filters* n-ten Grades ist charakterisiert durch das Amplitudenspektrum

$$|H(\omega)| = \frac{1}{\sqrt{1+\varepsilon^2\cdot\omega^{2n}}} .$$

Ist das Eingangssignal $x(t)$ weißes Rauschen, also $\hat{x}(\omega) \equiv 1$, so kann man z.B. für $n = 2$ leicht zeigen, daß 95% der Energie des Ausgangssignals im Frequenzbereich $[-\varepsilon^{-1/2}, \varepsilon^{-1/2}]$ liegen. In vielen Fällen wird es daher genügen, den Filter als durch $\varepsilon^{-1/2}$ bandbegrenzt zu betrachten.
Ist das Eingangssignal die Sprungfunktion $\sigma(t)$, so kann der maximale Anstieg des Ausgangssignals unter dieser Näherung abgeschätzt werden durch $\varepsilon^{1/2}$.

Der Satz von Bernstein hat eine auf den ersten Blick vielleicht überraschende Konsequenz, die einer Beobachtung zu Bild 14 entspricht: Eine bandbegrenzte Funktion kann in keinem Intervall [a,b] identisch Null sein (die einzige Ausnahme ist die Funktion $f(t) \equiv 0$). Man kann nämlich zeigen, daß sich jede Funktion $f(t)$, deren Ableitungen wie im Satz von Bernstein abgeschätzt werden können, als Taylorreihe um jeden beliebigen Punkt t_0 darstellen läßt, d.h.

$$f(t) = \sum_{n=0}^{\infty} \frac{f^{(n)}(t_0)}{n!} \cdot (t-t_0)^n .$$

Ist nun $f(t) = 0$ in [a,b] und t_0 aus (a,b), so verschwinden alle Ableitungen $f^{(n)}(t_0)$, und es ist $f \equiv 0$.
Anzumerken bleibt schließlich noch, daß eine dem Satz von Bernstein entsprechende Aussage auch gilt für Fouriertransformierte von zeitlich begrenzten Funktionen:

Ist $f(t)$ eine Funktion, deren Träger in $[-T,T]$ liegt, und ist die Fouriertransformierte $\hat{f}(\omega)$ beschränkt, so ist $\hat{f}(\omega)$ beliebig oft differenzierbar, und

$$|\hat{f}^{(n)}(\omega)| \leq T^n \cdot \sup_{\eta\in\mathbb{R}} |\hat{f}(\eta)| .$$

5.1.2 DIE HILBERT-TRANSFORMATION

Eine besondere Rolle bei der Beschreibung physikalischer Systeme spielen *kausale* Funktionen, also Funktionen $f(t)$, die für negative t verschwinden:

$$f(t) = 0 \qquad \text{für } t < 0.$$

Beispielsweise sind die Impulsantworten kausaler Systeme kausale Funktionen. Als eine Folgerung aus dem Satz von Bernstein haben wir gesehen, daß kausale Funktionen nicht bandbegrenzt sein können. (Insbesondere können ideale Tiefpässe nicht als kausale Systeme realisiert werden!) In diesem Abschnitt beschreiben wir eine weitere Eigenschaft der Fouriertransformierten reeller kausaler Funktionen, nämlich eine Beziehung zwischen Realteil und Imaginärteil von $\hat{f}(\omega)$.

Der gerade Anteil f_g und der ungerade Anteil f_u einer Funktion f sind eindeutig bestimmt durch

$$f_g(t) = \frac{1}{2}\,(f(t) + f(-t))$$

und

$$f_u(t) = \frac{1}{2}\,(f(t) - f(-t)).$$

Man überlegt sich leicht, daß gilt

$$f(t) = f_g(t) + f_u(t).$$

Ist f(t) reellwertig, so folgt aus der Beziehung

$$\hat{f} = \hat{f}_g + \hat{f}_u$$

und der Tabelle auf S. 15 , daß sich $\hat{f}$ zusammensetzt aus einem reellen geraden und einem imaginären ungeraden Teil.

Ist f(t) eine relle kausale Funktion, so ist f weder gerade noch ungerade und hat daher einen nicht verschwindenden geraden und einen nicht verschwindenden ungeraden Anteil. (Die einzige Ausnahme ist $f(t) \equiv 0$.) Damit setzt sich $\hat{f}$ aus einem Realteil Re $\hat{f}$ und einem Imaginärteil Im $\hat{f}$ zusammen, die beide nicht identisch Null sind. In der folgenden formalen Rechnung leiten wir eine Beziehung zwischen Re $\hat{f}$ und Im $\hat{f}$ her. Hierzu nehmen wir an, daß alle nötigen Rechenoperationen durchgeführt werden dürfen. (In den Abschnitten 3.2, 3.3 kann nachgeschlagen werden, für welche f nachfolgende Faltung definiert ist und wie die auftretenden Integrale zu interpretieren sind.)

Für kausale Funktionen f(t) gilt die Gleichung

$$f(t) = f(t)\cdot\sigma(t)$$

und damit

$$\hat{f}(\omega) = \frac{1}{2\pi}(\hat{f} * \hat{\sigma})(\omega)$$

$$= \frac{1}{2\pi}\int_{-\infty}^{\infty} \hat{f}(\omega')\cdot\hat{\sigma}(\omega-\omega')\, d\omega'$$

$$= \frac{1}{2\pi}\int_{-\infty}^{\infty} \hat{f}(\omega')\cdot\left(\frac{1}{j(\omega-\omega')} + \pi\cdot\delta(\omega-\omega')\right) d\omega'$$

$$= \frac{1}{2\pi}\int_{-\infty}^{\infty} \hat{f}(\omega')\cdot\frac{1}{j(\omega-\omega')}\, d\omega' + \frac{1}{2}\hat{f}(\omega),$$

also

$$\hat{f}(\omega) = \frac{1}{\pi}\int_{-\infty}^{\infty} \hat{f}(\omega')\cdot\frac{1}{j(\omega-\omega')}\, d\omega' .$$

Wir setzen $\hat{f}(\omega) = \mathrm{Re}\,\hat{f}(\omega) + j\,\mathrm{Im}\,\hat{f}(\omega)$ in diese Gleichung ein und erhalten durch Vergleich der beiden Seiten die Beziehungen

$$\mathrm{Re}\,\hat{f}(\omega) = \frac{1}{\pi} \quad ⨍_{-\infty}^{\infty} \mathrm{Im}\,\hat{f}(\omega')\cdot\frac{1}{\omega-\omega'}\, d\omega'$$

und

$$\mathrm{Im}\,\hat{f}(\omega) = -\frac{1}{\pi} \quad ⨍_{-\infty}^{\infty} \mathrm{Re}\,\hat{f}(\omega')\cdot\frac{1}{\omega-\omega'}\, d\omega' .$$

Diese beiden Gleichungen werden gewöhnlich als *Hilbert-Transformation* bezeichnet.

Aus den Gleichungen der Hilbert-Transformation folgt: Ist z.B. der Realteil $\mathrm{Re}\,\hat{f}(\omega)$ der Fouriertransformierten einer reellen kausalen Funktion f(t) bekannt, so kann der Imaginärteil $\mathrm{Im}\,\hat{f}(\omega)$ bestimmt werden. Die Berechnung der inversen Fouriertransformierten liefert dann f(t). Die vollständige Information über f(t) ist also bereits in $\mathrm{Re}\,\hat{f}(\omega)$ enthalten. Wir leiten nun eine Transformation her, die der inversen Fouriertransformation entspricht, aber nur den Realteil von $\hat{f}(\omega)$ enthält:
Zwischen einer reellen kausalen Funktion f(t) und ihrem geraden Anteil $f_g(t)$ besteht die Beziehung:

(*) $\quad f_g(t) = \frac{1}{2} f(t)$, falls $t > 0$ ist.

Nun ist aber

(**) $\quad \hat{f}_g(\omega) = \mathrm{Re}\,\hat{f}(\omega)$

und

$$f_g(t) = \frac{1}{2\pi} \int_{-\infty}^{\infty} \hat{f}_g(\omega)\, e^{j\omega t}\, d\omega$$

$$= \frac{1}{2\pi} \int_{-\infty}^{\infty} \hat{f}_g(\omega)(\cos \omega t + j \sin \omega t)\, d\omega .$$

Da $\hat{f}_g$ und $\cos \omega t$ gerade Funktionen sind und $\sin \omega t$ ungerade ist, ist

$$\frac{1}{2\pi} \int_{-\infty}^{\infty} \hat{f}_g(\omega) \cdot j \sin \omega t \, d\omega = 0$$

und

$$\frac{1}{2\pi} \int_{-\infty}^{\infty} \hat{f}_g(\omega) \cdot \cos \omega t \, d\omega = \frac{1}{\pi} \int_{0}^{\infty} \hat{f}_g(\omega) \cdot \cos \omega t \, d\omega .$$

Aus den oben beschriebenen Beziehungen zwischen f und f_g folgt für $t > 0$:

$$f(t) = \frac{2}{\pi} \int_{0}^{\infty} \operatorname{Re} \hat{f}(\omega) \cdot \cos \omega t \, d\omega .$$

ÜBUNG

Zeigen Sie: Ist $f(t)$ eine reelle kausale Funktion, so gilt für $t > 0$:

$$f(t) = -\frac{2}{\pi} \int_{0}^{\infty} \operatorname{Im} \hat{f}(\omega) \cdot \sin \omega t \, d\omega .$$

Die in diesem Abschnitt hergeleiteten Gleichungen gelten auch, wenn $\operatorname{Re} \hat{f}(\omega)$ oder $\operatorname{Im} \hat{f}(\omega)$ eine Summe von δ-Funktionen oder ihren Ableitungen ist. In diesem Fall können die Integrale leicht ausgewertet werden. Die Ergebnisse sowie die Fouriertransformierten weiterer kausaler Funktionen sind in Tabelle S. 62 zusammengestellt. ω_0 und λ sind dort beliebige positive Konstanten.

ÜBUNG

Verifizieren Sie für $m = 0$ die erste Zeile der Tabelle auf S. 62 ; d.h. bestimmen Sie $\operatorname{Im} \hat{f}(\omega)$ und $f(t)$ der kausalen Funktion, für die gilt:

$$\operatorname{Re} \hat{f}(\omega) = \pi \cdot (\delta_{\omega_0} + \delta_{-\omega_0}).$$

TABELLE:

$f(t)$	$\mathrm{Re}\,\hat{f}(\omega)$	$\mathrm{Im}\,\hat{f}(\omega)$
$(-1)^m \cdot \frac{2t^{2m}}{(2m)!} \cdot \cos \omega_0 t \cdot \sigma(t)$	$\frac{\pi}{(2m)!} \cdot (\delta_{\omega_0}^{(2m)} + \delta_{-\omega_0}^{(2m)})$	$-\frac{(\omega+\omega_0)^{2m+1} + (\omega-\omega_0)^{2m+1}}{(\omega^2-\omega_0^2)^{2m+1}}$
$(-1)^m \cdot \frac{2t^{2m+1}}{(2m+1)!} \cdot \sin \omega_0 t \cdot \sigma(t)$	$\frac{\pi}{(2m+1)!} \cdot (\delta_{\omega_0}^{(2m+1)} - \delta_{-\omega_0}^{(2m+1)})$	$-\frac{(\omega+\omega_0)^{2m+2} - (\omega-\omega_0)^{2m+2}}{(\omega^2-\omega_0^2)^{2m+2}}$
$(-1)^m \cdot \frac{2t^{2m}}{(2m)!} \cdot \sin \omega_0 t \cdot \sigma(t)$	$-\frac{(\omega+\omega_0)^{2m+1} - (\omega-\omega_0)^{2m+1}}{(\omega^2-\omega_0^2)^{2m+1}}$	$-\frac{\pi}{(2m)!} \cdot (\delta_{\omega_0}^{(2m)} - \delta_{-\omega_0}^{(2m)})$
$(-1)^m \cdot \frac{2t^{2m+1}}{(2m+1)!} \cdot \cos \omega_0 t \cdot \sigma(t)$	$-\frac{(\omega+\omega_0)^{2m+2} + (\omega-\omega_0)^{2m+2}}{(\omega^2-\omega_0^2)^{2m+2}}$	$\frac{\pi}{(2m+1)!} \cdot (\delta_{\omega_0}^{(2m+1)} + \delta_{-\omega_0}^{(2m+1)})$

$f(t)$	$\hat{f}(\omega)$
$\frac{t^n}{n!} \cdot e^{-\lambda t} \cdot \sigma(t)$	$\frac{(\lambda-j\omega)^{n+1}}{(\omega^2+\lambda^2)^{n+1}}$
$\frac{2t^n}{n!} \cdot \sin \omega_0 t \cdot e^{-\lambda t} \cdot \sigma(t)$	$j \cdot \frac{(\lambda-j(\omega+\omega_0))^{n+1}}{(\lambda^2+(\omega+\omega_0)^2)^{n+1}} - j \cdot \frac{(\lambda-j(\omega-\omega_0))^{n+1}}{(\lambda^2+(\omega-\omega_0)^2)^{n+1}}$
$\frac{2t^n}{n!} \cdot \cos \omega_0 t \cdot e^{-\lambda t} \cdot \sigma(t)$	$\frac{(\lambda-j(\omega+\omega_0))^{n+1}}{(\lambda^2+(\omega+\omega_0)^2)^{n+1}} + \frac{(\lambda-j(\omega-\omega_0))^{n+1}}{(\lambda^2+(\omega-\omega_0)^2)^{n+1}}$

5.1.3 LINEARE DIFFERENTIALGLEICHUNGEN MIT KONSTANTEN KOEFFIZIENTEN

Als Anwendungsbeispiel der Hilbert-Transformation betrachten wir ein System, das durch folgende lineare Differentialgleichung mit konstanten reellen Koeffizienten beschrieben wird:

$$(*) \qquad a_n y^{(n)} + a_{n-1} y^{(n-1)} + \ldots + a_1 y' + a_0 y = x.$$

Das Ziel dieses Abschnitts ist es, Übertragungsfunktion und Impulsantwort dieses Systems zu beschreiben.

Eine wichtige Rolle bei der Untersuchung dieses Systems spielen die Nullstellen des Polynoms

$$P(z) = a_n z^n + \ldots + a_1 z + a_0.$$

Bekanntlich hat jedes Polynom n-ten Grades n komplexe Nullstellen $z_1,\ldots,z_n$ (die nicht alle voneinander verschieden sein müssen), und läßt sich schreiben in der Form

$$P(z) = a_n \cdot (z-z_1) \cdot \ldots \cdot (z-z_n).$$

Weiterhin gilt für reelle Polynome P(z): Ist $z_i = a_i + jb_i$ eine Nullstelle, so auch $\overline{z_i} = a_i - jb_i$.

Damit die Impulsantwort des Systems eine Distribution in unserem Sinne ist, darf keiner der Realteile der Zahlen z_i positiv sein. Dies setzen wir im folgenden voraus. (Damit scheidet z.B. die Differentialgleichung

$$y' - y = x$$

aus, deren Impulsantwort exponentiell anwächst.)
Ein Merkmal der durch (*) beschriebenen Systeme ist, daß sich Übertragungsfunktion und Impulsantwort als Linearkombinationen der Funktionen aus der Tabelle S. 62 darstellen lassen. Wir demonstrieren dies für den Fall, daß $a_0 \neq 0$ ist und alle Nullstellen voneinander verschieden sind. Dann besitzt $P(\omega)$ die rein imaginären Nullstellen $\pm z_1 = \pm jb_1,\ldots,\pm z_k = \pm jb_k$ sowie n-2k weitere Nullstellen $z_{2k+1},\ldots,z_n$. Damit ist

$$P(j\omega) = a_n \cdot (j\omega - z_1)(j\omega + z_1) \ldots (j\omega - z_k)(j\omega + z_k) \cdot (j\omega - z_{2k+1}) \ldots (j\omega - z_n)$$
$$= a_n \cdot j^{2k}(\omega - b_1)(\omega + b_1) \ldots (\omega - b_k)(\omega + b_k) \cdot (j\omega - z_{2k+1}) \ldots (j\omega - z_n)$$
$$= a_n \cdot (-1)^k \cdot (\omega^2 - b_1^2) \ldots (\omega^2 - b_k^2)(j\omega - z_{2k+1}) \ldots (j\omega - z_n).$$

Nun folgt durch Fouriertransformation der Differentialgleichung (*) mit $x = \delta$ (s. Rechenregel E4):

$$P(j\omega) \cdot H(\omega) = 1.$$

Da $\pm b_1, \ldots, \pm b_k$ die reellen Nullstellen von $P(j\omega)$ sind, lautet der allgemeine Ansatz für $H(\omega)$ (vgl. Beispiel 2, S. 37 f)

$$H(\omega) = \frac{1}{P(j\omega)} + \sum_{l=1}^{k} c_l \delta_{b_l} + \sum_{l=1}^{k} d_l \delta_{-b_l} .$$

Die Koeffizienten c_l und d_l sind zunächst unbekannt. Durch Partialbruchzerlegung ergibt sich folgende Umformung für $\frac{1}{P(j\omega)}$:

$$\frac{1}{P(j\omega)} = \Sigma \alpha_l \cdot \frac{-2b_l}{\omega^2 - b_l^2} + j \Sigma \beta_l \cdot \frac{-2\omega}{\omega^2 - b_l^2} + \frac{\gamma}{(j\omega - z_{2k+1}) \ldots (j\omega - z_k)} .$$

Damit $H(\omega)$ die Fouriertransformierte einer reellen kausalen Funktion ist, müssen c_l und d_l gemäß Tabelle auf S. 62 gewählt werden, und wir erhalten:

$$H(\omega) = \sum_{l=1}^{k} \alpha_l \cdot \left(\frac{-2b_l}{\omega^2 - b_l^2} - \pi \cdot j(\delta_{b_l} - \delta_{-b_l})\right) + \sum_{l=1}^{k} \beta_l \cdot \left(\pi(\delta_{b_l} + \delta_{-b_l}) - j \cdot \frac{2\omega}{\omega^2 - b_1^2}\right)$$
$$+ \frac{\gamma}{(j\omega - z_{2k+1}) \ldots (j\omega - z_k)} .$$

Der dritte Summand beschreibt die Fouriertransformierte des abklingenden Teils der Impulsantwort, während die beiden ersten Summen dem Schwingungsanteil entsprechen. Aus der Tabelle auf S. 62 ergibt sich für große t:

$$h(t) \approx 2 \Sigma \alpha_l \cos b_l t + 2 \Sigma \beta_l \sin b_l t .$$

Sehen wir uns zwei Beispiele etwas genauer an:

BEISPIEL 1: $y''' + 3y'' + y' + 3y = x.$

Die Nullstellen des Polynoms

$$P(z) = z^3 + 3z^2 + z + 3$$

sind $\pm i$ und -3. Damit ist

$$\frac{1}{P(j\omega)} = -\frac{1}{(\omega+1)(\omega-1)(j\omega+3)} = -\frac{1}{(\omega^2-1)(j\omega+3)} .$$

Durch Partialbruchzerlegung:

$$\frac{1}{P(j\omega)} = \frac{\alpha+\beta\omega}{\omega^2-1} + \frac{\gamma}{j\omega+3}$$

erhalten wir nach Koeffizientenvergleich:

$$\frac{1}{P(j\omega)} = \frac{-3+j\omega}{10(\omega^2-1)} + \frac{1}{10}\,\frac{1}{j\omega+3} = \frac{3}{20}\,\frac{-2}{\omega^2-1} - \frac{j}{20}\,\frac{-2\omega}{\omega^2-1} + \frac{1}{10}\,\frac{3-j\omega}{\omega^2+9} .$$

Durch Ergänzung der δ-Anteile mit Hilfe der Tabelle auf S. 62 folgt

$$H(\omega) = \frac{3}{20}\left(\frac{-2}{\omega^2-1} - \pi j(\delta_1-\delta_{-1})\right) - \frac{1}{20}\left(\pi(\delta_1+\delta_{-1}) - j\,\frac{2\omega}{\omega^2-1}\right) + \frac{1}{10}\,\frac{3-j\omega}{\omega^2+9}$$

und als Impulsantwort

$$h(t) = \left(\frac{3}{10}\sin t - \frac{1}{10}\cos t + \frac{1}{10}e^{-3t}\right)\cdot\sigma(t).$$

<u>BEISPIEL 2:</u> $y^{(4)} + 8y'' + 16y = x.$

Das Polynom

$$P(z) = z^4 + 8z^2 + 16$$

hat die doppelten Nullstellen $\pm 2j$ und läßt sich darstellen als

$$P(z) = (z-2j)^2\,(z+2j)^2 = [(z+2j)(z-2j)]^2 = (z^2+4)^2.$$

Daraus ergibt sich

$$\frac{1}{P(j\omega)} = \frac{1}{(-\omega^2+4)^2} = \frac{1}{(\omega^2-4)^2} .$$

Der Ansatz für die Partialbruchzerlegung lautet nun

$$\frac{1}{P(j\omega)} = \alpha\cdot\frac{\omega^2+4}{(\omega^2-4)^2} + \beta\cdot\frac{1}{\omega^2-4}$$

und führt auf

$$\frac{1}{P(j\omega)} = \frac{1}{8}\,\frac{\omega^2+4}{(\omega^2-4)^2} - \frac{1}{8}\,\frac{1}{\omega^2-4} = -\frac{1}{16}\,\frac{-2(\omega^2+4)}{(\omega^2-4)^2} + \frac{1}{32}\,\frac{-4}{\omega^2-4} .$$

Aus der Tabelle folgt

$$H(\omega) = -\frac{1}{16}\left(-\frac{2(\omega^2+4)}{(\omega^2-4)^2} + \pi j(\delta_2'+\delta_{-2}')\right) + \frac{1}{32}\left(\frac{-4}{\omega^2-4} - \pi j(\delta_2-\delta_{-2})\right)$$

und

$$h(t) = \left(-\frac{1}{8}\,t\cos 2t + \frac{1}{16}\sin 2t\right)\cdot\sigma(t).$$

5.2 BAND- BZW. ZEITBEGRENZUNG UND ABKLINGVERHALTEN

Aus dem vorhergehenden Abschnitt wissen wir: Zeitlich begrenzte Funktionen können nicht bandbegrenzt sein. Andererseits ist bei der Modellierung von Zeitfunktionen häufig das Abklingverhalten ihrer Fouriertransformierten ein wichtiges Kriterium. Es spielt zum Beispiel dann eine Rolle, wenn beim Durchgang durch einen Tiefpaß die Energieverluste möglichst gering gehalten werden sollen. In diesem Abschnitt sehen wir uns einige Klassen von Zeitfunktionen unter diesem Aspekt an und untersuchen außerdem, welches bestmögliche Abklingverhalten zeitbegrenzter Funktionen erwartet werden kann.

5.2.1 SPLINE-INTERPOLATION

Von einem auf das Zeitintervall $[T_o,T_1]$ beschränkten stetigen Signal $f(t)$ seien Meßwerte zu den Zeiten $t_o = T_o, t_1, \ldots, t_{n-1}, t_n = T_1$ bekannt. (Insbesondere ist also $f(t_o) = f(t_n) = 0$.) Eine Möglichkeit, $f(t)$ für beliebige Zeiten in (t_o,t_1) zu approximieren, ist die Spline-Interpolation.

Die wohl einfachste stetige Funktion s_1, die das Signal an den n+1 Meßpunkten interpoliert, erhält man, wenn man annimmt, daß s_1 in jedem Intervall $[t_k,t_{k+1}]$ eine Geradengleichung

$$s_1(t) = a_k^{(1)} \cdot t + a_k^{(0)}$$

erfüllt. Die Konstanten $a_k^{(1)}$ und $a_k^{(0)}$ können in diesem Fall berechnet werden aus der Steigungsformel

$$a_k^{(1)} = \frac{f(t_{k+1}) - f(t_k)}{t_{k+1} - t_k}$$

und der Bedingung $s_1(t_k) = f(t_k)$.

Wir wollen nun $\hat{s}_1$ berechnen: Die Anwendung der Rechenregel (E4) hilft hier, Arbeit zu sparen. Denn offenbar ist

$$s_1'(t) = a_k^{(1)} \quad \text{für } t \in (t_k,t_{k+1}).$$

s_1' ist also eine unstetige, stückweise konstante Funktion. Nochmaliges Differenzieren ergibt (s. Bild 15)

$$s_1'' = a_o^{(1)} \cdot \delta_{t_o} + (a_1^{(1)} - a_o^{(1)})\delta_{t_1} + (a_2^{(1)} - a_1^{(1)})\delta_{t_2} + \ldots$$
$$+ (a_{n-1}^{(1)} - a_{n-2}^{(1)})\delta_{t_{n-1}} - a_{n-1}^{(1)}\delta_{t_n} .$$

Berücksichtigt man, daß $(\delta_a)^\wedge(\omega) = e^{-j\omega a}$ ist (s. Übung 1 S. 45) so findet man

$$(s_1'')^\wedge(\omega) = a_o^{(1)} \cdot e^{-j\omega t_o} + (a_1^{(1)} - a_o^{(1)})e^{-j\omega t_1} + \ldots$$
$$+ (a_{n-1}^{(1)} - a_{n-2}^{(1)})e^{-j\omega t_{n-1}} - a_{n-1}^{(1)}e^{-j\omega t_n}$$

und daher

$$\hat{s}_1(\omega) = -\frac{1}{\omega^2}\,[a_o^{(1)} \cdot e^{-j\omega t_o} + \ldots - a_{n-1}^{(1)}e^{-j\omega t_n}].$$

Nach den Bemerkungen in 3.3 müßte der allgemeine Ansatz für $\hat{s}_1$ auch δ- und δ'-Anteile enthalten (Division durch ω^2!). Da aber s_1 eine integrierbare Funktion ist, wissen wir, daß diese wegfallen müssen.

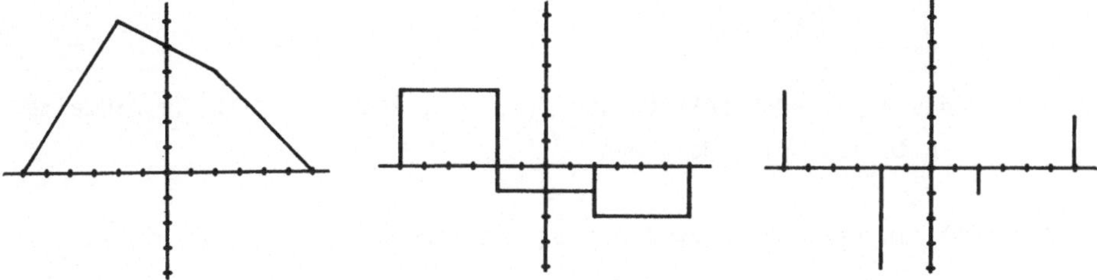

Bild 15.-

s_1 ist also eine Approximation, deren Fouriertransformierte wie $\frac{1}{\omega^2}$ abfällt.

Eine Verallgemeinerung des oben beschriebenen Verfahrens besteht nun darin, eine Funktion s_N zu konstruieren, die stückweise aus Polynomen N-ten Grades zusammengesetzt ist:

$$s_N(t) = a_k^{(N)} t^N + \ldots + a_k^{(0)} \quad , \qquad t \in (t_k, t_{k+1}),$$

wobei die Koeffizienten $a_k^{(l)}$ so gewählt werden, daß s_N das ursprüngliche Signal interpoliert und sowohl s_N als auch die Ableitungen $s_N', \ldots, s_N^{(N-1)}$ in jedem Punkt stetig sind. (Eine solche Konstruktion ist i.a. nur möglich, wenn N ungerade ist.) In diesem Fall wird s_N als *Spline-Funktion* vom Grad

N bezeichnet. Berechnen wir wieder $\hat{s}_N$: Nach Voraussetzung ist die (N-1)-te Ableitung $s_N^{(N-1)}$ eine stetige Funktion, die stückweise aus Polynomen ersten Grades zusammengesetzt ist:

$$s_N^{(N-1)}(t) = N!\cdot a_k^{(N)}\cdot t + (N-1)!\cdot a_k^{(N-1)}, \qquad t\in (t_k,t_{k+1}).$$

Die Fouriertransformierte von $s_N^{(N-1)}$ kann daher wie die von s_1 berechnet werden (s.o.). Hieraus folgt - zusammen mit Rechenregel (E4):

$$\hat{s}_N(\omega) = \frac{N!}{(j\omega)^{N+1}}\cdot \{a_o^{(N)}e^{-j\omega t_o} + (a_1^{(N)}-a_o^{(N)})e^{-j\omega t_1} + \ldots - a_{n-1}^{(N)}e^{-j\omega t_n}\}.$$

Damit sind Spline-Funktionen vom Grad N Interpolationsfunktionen, deren Fouriertransformierte abklingen wie $\omega^{-(N+1)}$.

5.2.2 PALEY-WIENER-KRITERIEN

Die Paley-Wiener-Kriterien geben Aufschluß darüber, ob zeitbegrenzte Funktionen mit einem vorgegebenen Abklingverhalten konstruiert werden können. Die (notwendige und hinreichende) Bedingung hierfür ist:

$$\text{(PW)} \qquad \int_{-\infty}^{\infty} \frac{|\ln A(\omega)|}{1+\omega^2}\, d\omega < \infty,$$

wobei $A(\omega)$ das Amplitudenspektrum von $f(t)$ ist: $A(\omega) = |\hat{f}(\omega)|$. Im einzelnen lauten die Kriterien folgendermaßen:

(1) Ist $f(t)$ ein (ein- oder zweiseitig) zeitbegrenztes Signal mit endlicher Energie (d.h. $\int_{-\infty}^{\infty} |f^2(t)|dt < \infty$), so ist die Bedingung (PW) erfüllt. (Insbesondere kann dann $f(t)$ nicht bandbegrenzt sein. Begründung?)

(2) Ist $A(\omega)$ eine vorgegebene nichtnegative Funktion, die quadratintegrierbar ist, und ist außerdem die Bedingung (PW) erfüllt, so gibt es eine kausale Funktion $f(t)$ mit Amplitudenspektrum $A(\omega)$.

(3) Ist $A(\omega)$ eine vorgegebene nichtnegative Funktion, die die Bedingung (PW) erfüllt, und fällt

$$\frac{-\ln A(\omega)}{\omega} \quad \text{für } \omega \to \infty$$

monoton gegen Null ab, so gibt es eine zweiseitig zeitbegrenzte Funktion mit Abklingverhalten

$$|\hat{f}(\omega)| = O(A(|\omega|)) \qquad \text{für } \omega \to \pm\infty.$$

Die Kriterien (1) und (2) werden gewöhnlich als Paley-Wiener-Kriterien bezeichnet, während (3) in der Literatur als Satz von Ingham und Levinson zu finden ist. Leider geben (2) und (3) keinerlei Anhaltspunkte dafür, wie die zeitbegrenzten Funktionen mit vorgegebenem Abklingverhalten zu finden sind. Immerhin sehen wir aber aus den oben angegebenen Kriterien, daß die Bedingung (PW) die entscheidende Schranke für zeitbegrenzte Funktionen darstellt.

5.2.3 SPHÄROIDFUNKTIONEN

Eng verwandt mit der oben beschriebenen Fragestellung ist folgendes Optimierungsproblem: Gesucht ist eine durch Ω bandbegrenzte Funktion endlicher Energie derart, daß ein möglichst großer Anteil der Energie auf ein vorgegebenes Zeitintervall [-T,T] konzentriert ist. Oder mathematisch formuliert: Gesucht ist eine Funktion f(t) mit den Eigenschaften

- $\int_{-\infty}^{\infty} |f^2(t)|\, dt < \infty$
- $\hat{f}(\omega) = 0$ falls $|\omega| > \Omega$, für die der Anteil

$$\alpha := \frac{\int_{-T}^{T} |f^2(t)|\, dt}{\int_{-\infty}^{\infty} |f^2(t)|\, dt}$$

möglichst nahe bei 1 liegt. ($\alpha = 1$ würde bedeuten, daß f zeitbegrenzt ist, was nach dem Paley-Wiener-Kriterium nicht möglich ist.)
Die Untersuchung dieser Frage führt auf eine Klasse von Funktionen (sog. *prolate spheroidal functions*), die aufgrund gewisser Eigenschaften von großer Bedeutung sind.

Man kann zeigen (s. Slepian [18], Slepian/Pollak [19]), daß eine Funktion f, für die α maximal ist, eine Lösung der folgenden <u>Eigenwertgleichung</u> sein muß:

$$\lambda \cdot \psi(t) = \int_{-T}^{T} \frac{\sin \Omega(t-s)}{\pi(t-s)} \cdot \psi(s)\, ds\ ,$$

wobei der Eigenwert λ eine zunächst unbekannte Zahl zwischen 0 und 1 ist. Wie nun Slepian und Pollak zeigen, gibt es eine unendliche, monoton abfallende Folge

$$\lambda_0, \lambda_1, \lambda_2, \ldots$$

von Eigenwerten mit zugehörigen Funktionen $\psi_0, \psi_1, \ldots$ als Lösungen der

Eigenwertgleichung. Die Zahlen λ_i und ψ_i hängen von dem Produkt der vorgegebenen Band- und Zeitbegrenzungen ab. Die Folgen $(\lambda_i)_{i\in\mathbb{N}}$ und $(\psi_i)_{i\in\mathbb{N}}$ haben folgende Eigenschaften:

(1) $(\psi_i)_{i\in\mathbb{N}}$ ist ein vollständiges Orthonormalsystem auf der Menge der durch Ω bandbegrenzten Funktionen f(t) endlicher Energie; d.h.: alle Funktionen f(t) mit diesen Eigenschaften können geschrieben werden als unendliche Summe

$$f(t) = \sum_{k=0}^{\infty} a_k \cdot \psi_k(t),$$

wobei die Koeffizienten a_k berechnet werden aus

$$a_k = \int_{-\infty}^{\infty} f(t) \cdot \psi_k(t)\, dt.$$

(2) Die Eigenwerte λ_i beschreiben den Anteil der Energie des Signals $\psi_i(t)$, der auf das Zeitintervall [-T,T] fällt:

$$\lambda_i = \int_{-T}^{T} \psi_i^2(t)\, dt.$$

Damit können wir die oben aufgeworfene Frage beantworten:
Für welche Funktion f(t) ist der relative Energieanteil α im Intervall [-T,T] möglichst groß?
Ist nämlich

$$f(t) = \sum_{k=0}^{\infty} a_k \psi_k(t) ,$$

so ist

$$E = \int_{-\infty}^{\infty} f^2(t)\, dt = \Sigma\, a_k^2$$

und

$$E_T := \int_{-T}^{T} f^2(t)\, dt = \Sigma\, \lambda_k \cdot a_k^2 .$$

Damit wird

$$\alpha = \frac{E_T}{E} = \frac{\Sigma\, \lambda_k a_k^2}{\Sigma\, a_k^2}$$

sicherlich dann am größten, wenn $f(t) = \psi_o(t)$ ist. In diesem Fall ist $\alpha = \lambda_o$.

Die Folge $(\psi_k)_{k\in\mathbb{N}}$ hat außerdem noch folgende wichtige Eigenschaft:

(Wir bezeichnen mit ψ_{kT} die "abgeschnittene" Sphäroidfunktion:

$$\psi_{kT}(t) = \begin{cases} \psi_k(t) & , \text{ falls } |t| \leq T \\ 0 & , \text{ falls } |t| > T\ .) \end{cases}$$

(3) Die Folge $(\psi_{kT})_{k\in\mathbb{N}}$ ist ein vollständiges Orthogonalsystem auf der Menge der auf [-T,T] zeitbegrenzten Funktionen mit endlicher Energie. Jede Funktion f_T mit diesen Eigenschaften kann also beschrieben werden durch

$$f_T = \Sigma\, b_k\, \psi_{kT}$$

mit

$$b_k = \frac{1}{\lambda_k} \cdot \int_{-T}^{T} f_T(t) \cdot \psi_{kT}\, dt.$$

Eigenschaft (3) kann dazu benutzt werden, eine durch Ω bandbegrenzte Funktion zu konstruieren, die in [-T,T] einen vorgeschriebenen Verlauf g(t) möglichst gut approximieren soll:

Die Funktion

$$f_T = \sum_{k=0}^{\infty} b_k \psi_{kT}$$

mit

$$b_k = \frac{1}{\lambda_k} \cdot \int_{-T}^{T} g(t) \cdot \psi_{kT}(t)\, dt$$

stimmt mit g in [-T,T] überein, ebenso wie die bandbegrenzte Funktion

$$f = \sum_{k=0}^{\infty} b_k \psi_k .$$

f kann allerdings außerhalb von [-T,T] divergieren und ist damit wertlos. Jede endliche Summe

$$f_N = \sum_{k=0}^{N} b_k \psi_k$$

ist dagegen wohldefiniert. Damit kann der Verlauf von g(t) in [-T,T] beliebig genau durch eine bandbegrenzte Funktion mit endlicher Energie approximiert werden. (Mit zunehmender Approximation kann allerdings auch die Energie beliebig groß werden.)

Wir werden auf Sphäroidfunktionen in Abschnitt 6.5 zurückkommen.

5.2.4 DER SATZ VON HARDY

Während wir bisher nur den "unsymmetrischen Fall" behandelt haben, d.h. strikte Begrenzung in einem Bereich (d.h. entweder im Zeit- oder im Frequenzbereich) und möglichst gutes Abklingverhalten im anderen Bereich, wenden wir uns nun kurz folgender Frage zu: Welche Funktion hat sowohl im Frequenz- als auch im Zeitbereich ein möglichst gutes Abklingverhalten? Die optimale Lösung liefert der Satz von Hardy mit den beiden folgenden Aussagen:

(1) Klingt eine Funktion f(t) wie $e^{-\alpha t^2}$ ab (d.h. $f(t) = O(e^{-\alpha t^2})$), so kann $\hat{f}(\omega)$ höchstens wie $e^{-\beta\omega^2}$ abklingen mit $\beta = \frac{1}{4\alpha}$.

(2) Die einzigen Funktionen mit dem optimalen Abklingverhalten $f(t) = O(e^{-\alpha t^2})$ und $\hat{f}(\omega) = O(e^{-\omega^2/4\pi})$ sind die Funktionen $f(t) = C\cdot e^{-\alpha t^2}$ mit den Fouriertransformierten $\hat{f}(\omega) = C\cdot\sqrt{\frac{\pi}{\alpha}}\cdot e^{-\omega^2/4\pi})$
(C ist eine beliebige Konstante.)

<u>BEISPIEL</u>
Diese günstigen Eigenschaften der Funktion $e^{-\alpha t^2}$ nutzt man z.B. aus bei der Konstruktion bestimmter Zeitfenster. Wir werden darauf im Kapitel 6.5 noch näher eingehen (Stichwort "Gaußfenster").

Nur unwesentlich verschlechtert sich das Abklingverhalten für große t (und wie wir sehen werden, auch für große ω), wenn wir anstelle von $e^{-\alpha t^2}$ eine Funktion $P(t)\cdot e^{-\alpha t^2}$ wählen, wobei P(t) ein beliebiges Polynom ist. Mit Hilfe der Rechenregel (E4) überzeugt man sich schnell, daß die Fouriertransformierte eine Funktion der Form $Q(\omega)\cdot e^{-\frac{1}{4\alpha}\omega^2}$ ist, wobei $Q(\omega)$ ein Polynom desselben Grades wie P(t) ist.
Damit haben wir eine ganze Klasse von Funktionen gefunden mit gutem Abklingverhalten sowohl im Zeit- als auch im Frequenzbereich.
Die Aussagen (1) und (2) lassen sich sinngemäß auf diese Funktionen übertragen, so daß also auch diese Funktionen in gewissem Sinn "optimal" sind.

Eine besondere Rolle unter diesen Funktionen spielen die Funktionen $H_n(t)\cdot e^{-\frac{1}{2}t^2}$, wobei $H_n(t)$ *Hermite-Polynome* sind. Es gelten folgende Eigenschaften:

(1) $\{H_n(t)\cdot e^{-\frac{1}{2}t^2}, n = 0,1,2,\ldots\}$ bildet ein vollständiges Orthogonalsystem in folgendem Sinn:

Ist f(t) eine quadratintegrierbare Funktion, so ist

$$f(t) = \sum_{n=0}^{\infty} a_n \cdot H_n(t)\cdot e^{-\frac{1}{2}t^2},$$

wobei die Koeffizienten a_n berechnet werden aus

$$a_n = \frac{1}{\sqrt{\pi}\cdot 2^n \cdot n!} \int_{-\infty}^{\infty} f(t)\cdot H_n(t)\cdot e^{-\frac{1}{2}t^2} dt.$$

(2) Die Fouriertransformierte von $H_n(t)\cdot e^{-\frac{1}{2}t^2}$ ist $\sqrt{2\pi}(-j)^n \cdot H_n(\omega)e^{-\frac{1}{2}\omega^2}$.

Ist also f in der oben angegebenen Reihenentwicklung darstellbar, so ist

$$\hat{f}(\omega) = \sqrt{2\pi} \sum_{n=0}^{\infty} (-j)^n \cdot a_n \cdot H_n(\omega)e^{-\frac{1}{2}\omega^2}.$$

Der Übergang vom Zeit- in den Frequenzbereich ist daher einfach, wenn die Reihenentwicklung (1) von f vorliegt.

5.3 GLATTHEIT UND ABKLINGVERHALTEN

5.3.1 GLATTE FUNKTIONEN

Die zentrale Aussage dieses Abschnitts ist die folgende: Je glatter eine Funktion f(t) ist, um so schneller klingt $\hat{f}(\omega)$ für $\omega \to \pm\infty$ ab. Dabei ist zunächst noch nicht geklärt, wie die Glattheit einer Funktion definiert werden kann.

Zunächst definieren wir als ein Maß für die Glattheit einer Funktion die Anzahl der Ableitungen, die diese Funktion besitzt: $L^1_{(k)}$ sei die Menge aller Funktionen f, die k-mal differenzierbar sind und für die $f, f', \ldots, f^{(k)}$ integrierbar sind. Damit wissen wir, daß die Fouriertransformierten aller $f^{(\nu)}$, $\nu = 0,\ldots,k$ reguläre Distributionen sind, und wir können $\hat{f}(\omega)$ abschätzen. Denn aus Eigenschaft (E4) folgt

$$|\omega^k \cdot \hat{f}(\omega)| = |(f^{(k)})^\wedge(\omega)| \leq \int |f^{(k)}(t)|\, dt < \infty.$$

Da $\hat{f}$ regulär ist, können wir diese Ungleichung auflösen, und es folgt:

$$|\hat{f}(\omega)| \leq \frac{1}{|\omega|^k} \cdot \int |f^{(k)}(t)|\, dt.$$

Damit haben wir gezeigt:

Für Funktionen $f \in L^1_{(k)}$ ist $\hat{f}(\omega) = O(\frac{1}{|\omega|^k})$ für $\omega \to \pm\infty$.

(Nach Kawata [8] , Theorem 2.7.3 gilt sogar: $\hat{f}(\omega) = o(\frac{1}{|\omega|^k})$.)

Eine weitere Charakterisierung der Glattheit einer Funktion erfolgt mit Hilfe von Stetigkeitsmodulen; diese werden durch r-te Differenzen $\Delta_h^r f(t)$ definiert:

$$\Delta_h^r f(t) := \sum_{k=0}^{r} (-1)^k \cdot \binom{r}{k} f(t+h\cdot k).$$

Sehen wir uns zunächst an, wie wir mit Hilfe von $\Delta_h^r f$ Abschätzungen von $\hat{f}(\omega)$ erhalten. Wir gehen von folgender Beobachtung aus: Für beliebige $k \in \mathbb{N}$ ist

$$\hat{f}(\omega) = \int_{-\infty}^{\infty} f(t) e^{-j\omega t}\, dt = \int_{-\infty}^{\infty} (-1)^k \cdot f(t+\frac{k\pi}{\omega}) e^{-j\omega t}\, dt.$$

Dies folgt durch Substitution $t \to t+\frac{k\pi}{\omega}$ und aus der Beziehung $e^{-jk\pi} = (-1)^k$.
Berücksichtigen wir nun noch die Beziehung

$$\sum_{k=0}^{r} \binom{r}{k} = 2^r,$$

so folgt:

$$\hat{f}(\omega) = \frac{1}{2^r} \sum_{k=0}^{r} \binom{r}{k} \cdot \hat{f}(\omega) = \frac{1}{2^r} \sum_{k=0}^{r} \int_{-\infty}^{\infty} (-1)^k \cdot \binom{r}{k} \cdot f(t+\frac{k\pi}{\omega}) e^{-j\omega t}\, dt$$

$$= \frac{1}{2^r} \cdot \int_{-\infty}^{\infty} \Delta_{\frac{\pi}{\omega}}^r f(t) \cdot e^{-j\omega t}\, dt.$$

Mit $\|\Delta_h^r f\| = \sup_t |\Delta_h^r f(t)|$

und

$$\|\Delta_h^r f\|_1 = \int_{-\infty}^{\infty} |\Delta_h^r f(t)|\, dt$$

folgt unmittelbar:

a) Ist f auf [-T,T] zeitbegrenzt, so ist

$$|\hat{f}(\omega)| \le \frac{1}{2^r} \cdot (2T+\frac{r\pi}{\omega}) \cdot \|\Delta_{\frac{\pi}{\omega}}^r f\|$$

(Zum Beweis beachte man, daß $\Delta_{\frac{\pi}{\omega}}^r f$ auf ein Intervall der Länge $2T+\frac{r\pi}{\omega}$ begrenzt ist.)

b) $|\hat{f}(\omega)| \leq \frac{1}{2^r} \cdot \|\Delta^r_{\frac{\pi}{\omega}} f\|_1$.

Als r-ten Stetigkeitsmodul von f definieren wir

$$\omega_r(\delta,f) := \sup\{\|\Delta_h^r f\| \text{ , } h \leq \delta\} .$$

Die Klasse der Funktionen, für die gilt:

$$\omega_r(\delta,f) = O(\delta^\alpha) \quad \text{für } \delta \to 0,\ \alpha > 0$$

bezeichnen wir als Lipschitzklasse $\mathrm{Lip}_r(\alpha)$.

Aus der Abschätzung a) folgt: Ist $f \in \mathrm{Lip}_r(\alpha)$ und zeitbegrenzt, so ist

$$\hat{f}(\omega) = O(\frac{1}{\omega^\alpha}) \quad \text{für } \omega \to \pm\infty.$$

ω_r hat folgende interessante Eigenschaften:

- Ist f r-mal stetig differenzierbar, so ist

$$\omega_r(\delta,f) \leq \delta^r \cdot \|f^{(r)}\| .$$

- Ist f r-mal stetig differenzierbar, so ist

$$\omega_{r+1}(\delta,f) \leq \delta^r \cdot \omega_1(\delta,f^{(r)}).$$

In diesem Fall folgt: Ist $f^{(r)} \in \mathrm{Lip}_1(\alpha)$, so ist

$$\hat{f}(\omega) = O(\frac{1}{\omega^{r+\alpha}}).$$

5.3.2 DER EINFLUSS EINZELNER UNSTETIGKEITSSTELLEN

Ist $f \in L^1_{(k)}$, so wissen wir aus dem vorhergehenden Abschnitt, daß

$$\hat{f}(\omega) = o(\frac{1}{|\omega|^k}) \text{ ist für } \omega \to \pm\infty.$$

Wir nehmen nun an, daß f eine einzige Unstetigkeitsstelle t_0 besitzt. Außerhalb von t_0 sei f k-mal stetig differenzierbar; f und alle Ableitungen seien beschränkt und genügend schnell abfallend für $t \to \pm\infty$.

Hat f an der Stelle t_0 einen Sprung der Höhe a_0, so ist (vgl. Übg. 2b, S.37)

$$f'(t) = \{f'\}(t) + a_0 \cdot \delta_{t_0} ,$$

wobei $\{f'\}$ die (reguläre) Funktion mit $\{f'\}(t) = f'(t)$ für $t \neq t_0$ ist.

Hat $\{f'\}$ bei t_0 einen Sprung der Höhe a_1, so ist

$$\{f'\}'(t) = \{f''\}(t) + a_1 \cdot \delta_{t_0}$$

und daher

$$f''(t) = \{f''\}(t) + a_1 \cdot \delta_{t_o} + a_o \cdot \delta'_{t_o} \;.$$

Wir können dieses Verfahren fortsetzen und erhalten

$$f^{(k)}(t) = \{f^{(k)}\}(t) + a_{k-1}\delta_{t_o} + \ldots + a_o \delta_{t_o}^{(k-1)} \;.$$

Damit ist

$$(f^{(k)})^\wedge(\omega) = \{f^{(k)}\}^\wedge(\omega) + (a_{k-1} + a_{k-2}\cdot(j\omega) + \ldots + a_o\cdot(j\omega)^{k-1})\cdot e^{-j\omega t_o} \;.$$

f ist integrierbar, daher ist

$$\begin{aligned} \hat{f}(\omega) &= \frac{1}{(j\omega)^k}\cdot (f^{(k)})^\wedge(\omega) \\ &= \frac{1}{(j\omega)^k}\cdot \{f^{(k)}\}^\wedge(\omega) + \left(\frac{a_{k-1}}{(j\omega)^k} + \ldots + \frac{a_o}{j\omega}\right)\cdot e^{-j\omega t_o} \\ &= \left(\frac{a_{k-1}}{(j\omega)^k} + \ldots + \frac{a_o}{j\omega}\right)\cdot e^{-j\omega t_o} + o\left(\frac{1}{|\omega|^k}\right). \end{aligned}$$

Wir sehen, daß die Sprungstellen und -höhen der ersten Ableitungen das asymptotische Verhalten von $\hat{f}$ bestimmen. Ein entsprechendes Ergebnis gilt, wenn Sprünge an den Stellen $t_o,\ldots,t_n$ auftreten. In diesem Fall ist

$$\begin{aligned} \hat{f}(\omega) &= \frac{1}{(j\omega)^k}\cdot (a_{k-1}^{(o)}\cdot e^{-j\omega t_o} + \ldots + a_{k-1}^{(n)}\cdot e^{-j\omega t_n}) + \ldots \\ &\quad + \frac{1}{j\omega}\cdot (a_o^{(o)}\cdot e^{-j\omega t_o} + \ldots + a_o^{(k)}\cdot e^{-j\omega t_n}) + o\left(\frac{1}{|\omega|^k}\right), \end{aligned}$$

wenn $a_l^{(r)}$ die Sprunghöhe der l-ten Ableitung im Punkt t_r beschreibt.

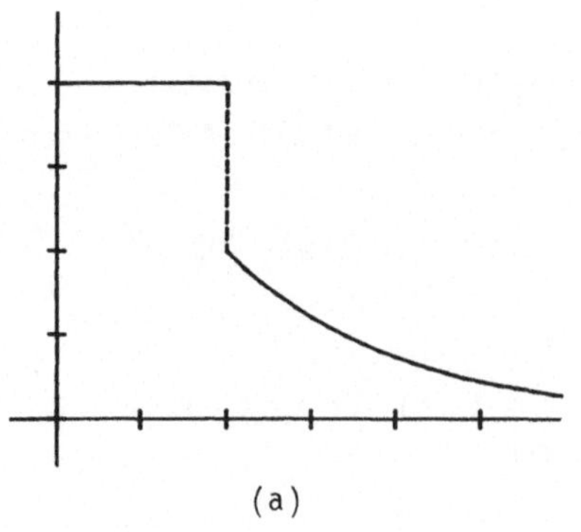

(a)

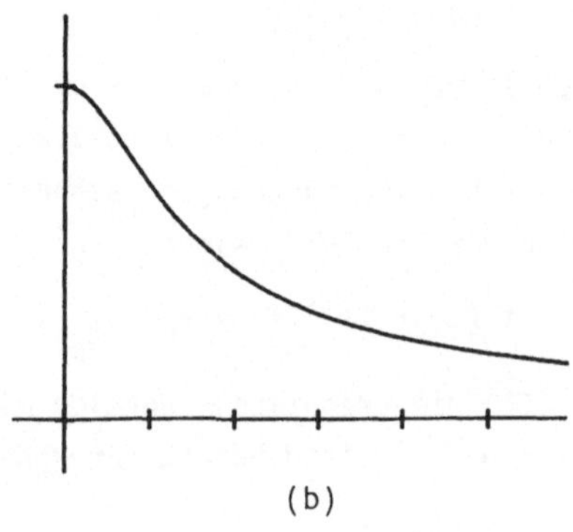

(b)

Bild 16.-

BEISPIEL

Die in Bild 16a) dargestellte Funktion hat Sprungstellen der Höhe 2 im Nullpunkt und -1 im Punkt $t_1 = 1$, sowie einen Sprung der Höhe -1 in der ersten Ableitung in t_1. Damit ist das asymptotische Verhalten von $\hat{f}$ gegeben durch

$$\hat{f}_{as}(\omega) = \frac{1}{j\omega} \cdot (2-e^{-j\omega}) - \frac{1}{(j\omega)^2} \cdot e^{-j\omega}$$

Zum Vergleich ist in 16 b) der Betrag von $(j\omega)^2 \cdot (\hat{f}(\omega) - \hat{f}_{as}(\omega))$ dargestellt.

6. ABTASTUNG VON SIGNALEN

6.1 ABTASTTHEOREM

Das Abtasttheorem besagt, daß bandbegrenzte Funktionen bereits eindeutig bestimmt sind, wenn ihre Funktionswerte zu bestimmten diskreten Zeitpunkten bekannt sind. Man benötigt daher zur Darstellung bandbegrenzter Signale nur eine Folge von Funktionswerten - die Darstellung eines solchen Signals ist *digitalisierbar*.

Abtasttheorem: Ist f bandbegrenzt mit $\hat{f}(\omega) = 0$ für $|\omega| \geq \Omega$, so kann f aus seinen Werten an den Stellen $f(\frac{k\pi}{\Omega})$, $k = 0,\pm1,\pm2,\ldots$ rekonstruiert werden. Es gilt nämlich

$$f(t) = \sum_{k=-\infty}^{+\infty} f(\frac{k\cdot\pi}{\Omega}) \frac{\sin(\Omega t-k\pi)}{\Omega t-k\pi} .$$

Dabei konvergiert die Reihe absolut und bezüglich t gleichmäßig für jedes t gegen f(t), falls f (gleichmäßig) *) stetig und absolut integrierbar ist.

Bemerkung:

Wenn der Satz auch unter dem Namen Shannon'sches Abtasttheorem bekannt wurde, so war es doch schon (unter anderem Namen) über 40 Jahre vor der Shannon'schen Veröffentlichung bekannt; 1908 beschäftigte sich schon de La Vallée Poussin, 1915 E.T. Whittaker mit dieser Fragestellung. Aber erst die Verbindung mit technischen Fragestellungen eben durch Shannon 1949 gab dem Satz Gewicht. Ein Hinweis auf den Nutzen der Mathematik für die Technik und der Technik für die Mathematik?

Die Beweisidee: Wegen

$$f(t) = \frac{1}{2\pi} \int_{-\infty}^{+\infty} \hat{f}(\omega) e^{j\omega t}\, d\omega$$

ist insbesondere

$$f(\frac{k\pi}{\Omega}) = \frac{1}{2\pi} \int_{-\infty}^{+\infty} \hat{f}(\omega) e^{j\omega k \frac{\pi}{\Omega}}\, d\omega .$$

Setzt man $\hat{f}$ außerhalb $[-\Omega,\Omega]$ periodisch fort - wir nennen diese periodische Funktion g - so kann man die Funktion in eine Fourierreihe entwickeln (vgl.

---

*) Die Forderung der gleichmäßigen Stetigkeit an f ist keine Einschränkung bei praktischen Anwendungen, da jede stetige Funktion auf einem endlichen Intervall auch gleichmäßig stetig ist.

Abschnitt 4.3):

$$g(\omega) = \sum_{n=-\infty}^{+\infty} c_n e^{j\frac{\pi}{\Omega}n\omega} .$$

Mit

$$c_n = \frac{1}{2\Omega}\int_{-\Omega}^{+\Omega} \hat{f}(\omega)e^{-j\frac{\pi}{\Omega}n\omega} d\omega = \frac{\pi}{\Omega} f(\frac{-n\pi}{\Omega}), \; n \in \mathbb{Z}$$

ist also $(k = -n)$

$$g(\omega) = \frac{\pi}{\Omega}\sum_{k=-\infty}^{+\infty} f(\frac{k\cdot\pi}{\Omega})e^{-j\frac{\pi}{\Omega}k\omega} .$$

Deshalb:

$$f(t) = \frac{1}{2\pi}\int_{-\Omega}^{+\Omega} g(\omega)e^{j\omega t} d\omega = \frac{1}{2\Omega}\int_{-\Omega}^{+\Omega}\sum_{k=-\infty}^{+\infty} f(\frac{k\pi}{\Omega})e^{-j\frac{\pi}{\Omega}k\omega}e^{j\omega t} d\omega$$

$$= \frac{1}{2\Omega}\sum_{k=-\infty}^{+\infty} f(k\frac{\pi}{\Omega})\int_{-\Omega}^{+\Omega} e^{j\omega(t-\frac{\pi}{\Omega}k)} d\omega$$

$$= \sum_{k=-\infty}^{+\infty} f(k\frac{\pi}{\Omega})\frac{\sin(\Omega t-\pi k)}{\Omega t-\pi k} .$$

(Bis auf eine Vertauschung von $\int$ und Σ im letzten Beweisteil, die zu rechtfertigen ist, ist der Beweis sogar vollständig.)

Die Übertragung eines bandbegrenzten Signals $f(t)$ kann also im Prinzip so vor sich gehen: Man tastet die diskreten Funktionswerte $f(n\frac{\pi}{\Omega})$ ab und bildet eine Folge von äquidistanten δ-Pulsen, deren Stärken durch die abgetasteten Funktionswerte gegeben sind. Man sendet also

$$x(t) = \sum_{n=-\infty}^{\infty} f(n\frac{\pi}{\Omega})\delta(t-n\frac{\pi}{\Omega}).$$

Für das zugehörige Spektrum ergibt sich:

$$\hat{x}(\omega) = \sum_{n=-\infty}^{\infty} f(n\frac{\pi}{\Omega})e^{-jn\pi\frac{\omega}{\Omega}} ;$$

$\hat{x}(\omega)$ ist natürlich eine periodische Funktion mit Periode 2Ω.

Das Spektrum des ursprünglichen Signals $f(t)$ lautet:

$$\hat{f}(\omega) = \begin{cases} \frac{\pi}{\Omega} \sum_{n=-\infty}^{\infty} f(n \frac{\pi}{\Omega}) e^{-jn\pi \frac{\omega}{\Omega}} & \text{für } |\omega| < \Omega \\ 0 & \text{für } |\omega| \geq \Omega \end{cases}$$

Ein Vergleich der beiden Spektren ergibt

$$\hat{f}(\omega) = \frac{\pi}{\Omega} \hat{x}(\omega) \qquad \text{für } |\omega| < \Omega.$$

Schickt man also $x(t)$ durch einen idealen Tiefpaß (mit Übertragungsfunktion $H(\omega) = A_0 \cdot e^{-j\omega t_0}$ und Grenzkreisfrequenz Ω), so erhält man ein Ausgangssignal $y(t)$ mit

$$\hat{y}(\omega) = H(\omega)\hat{x}(\omega) = A_0 \frac{\Omega}{\pi} \hat{f}(\omega) e^{-j\omega t_0};$$

also ist

$$y(t) = A_0 \frac{\Omega}{\pi} f(t-t_0),$$

d.h. $y(t)$ stimmt bis auf einen Maßstabsfaktor $A_0 \frac{\Omega}{\pi}$ und eine zeitliche Verschiebung t_0 mit dem ursprünglichen Signal überein.

Die Interpolationseigenschaft der Abtastreihe

Das ursprüngliche Interesse der Mathematiker an der Abtastreihe entsprang einer anderen Blickweise: Diese Reihe löste die *Interpolationsaufgabe*, die bandbegrenzte Funktion f aus ihren Werten an den Stellen $k \frac{\pi}{\Omega}$, $k \in \mathbb{Z}$ zu rekonstruieren. Dabei hat der k-te Summand der Reihe

$$f_k(t) = f(k \frac{\pi}{\Omega}) \frac{\sin(\Omega t - k\pi)}{\Omega t - k\pi}$$

die Eigenschaft, an der Stelle $t = \frac{k\pi}{\Omega}$ gerade den Funktionswert $f(t)$, an allen anderen Abtaststellen $\frac{n\pi}{\Omega}$, $n \neq k$ aber 0 zu liefern. Zwischen den Abtaststellen liefern alle Summanden Beiträge zur Interpolation, an den Abtaststellen selbst ist immer nur ein Summand von Null verschieden.

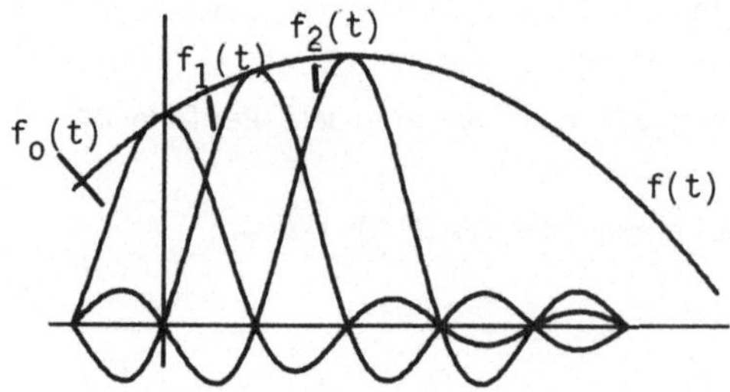

Bild 17.-

Abtastraten

Das Abtasttheorem sagt, daß der Abstand zwischen zwei Abtastwerten $\frac{\pi}{\Omega}$ sein muß. Oder: Daß pro Zeiteinheit $\frac{\Omega}{\pi}$ Abtastungen erfolgen müssen. Man nennt diese Anzahl pro Zeiteinheit *Abtastrate* und $\frac{\Omega}{\pi}$, die sogenannte *Nyquistrate*. Natürlich ist es auch möglich, kleinere Abstände zwischen den Abtastungen, d.h. größere Abtastraten zu wählen. Einige Beispiele zur Veränderung der Abtastrate:

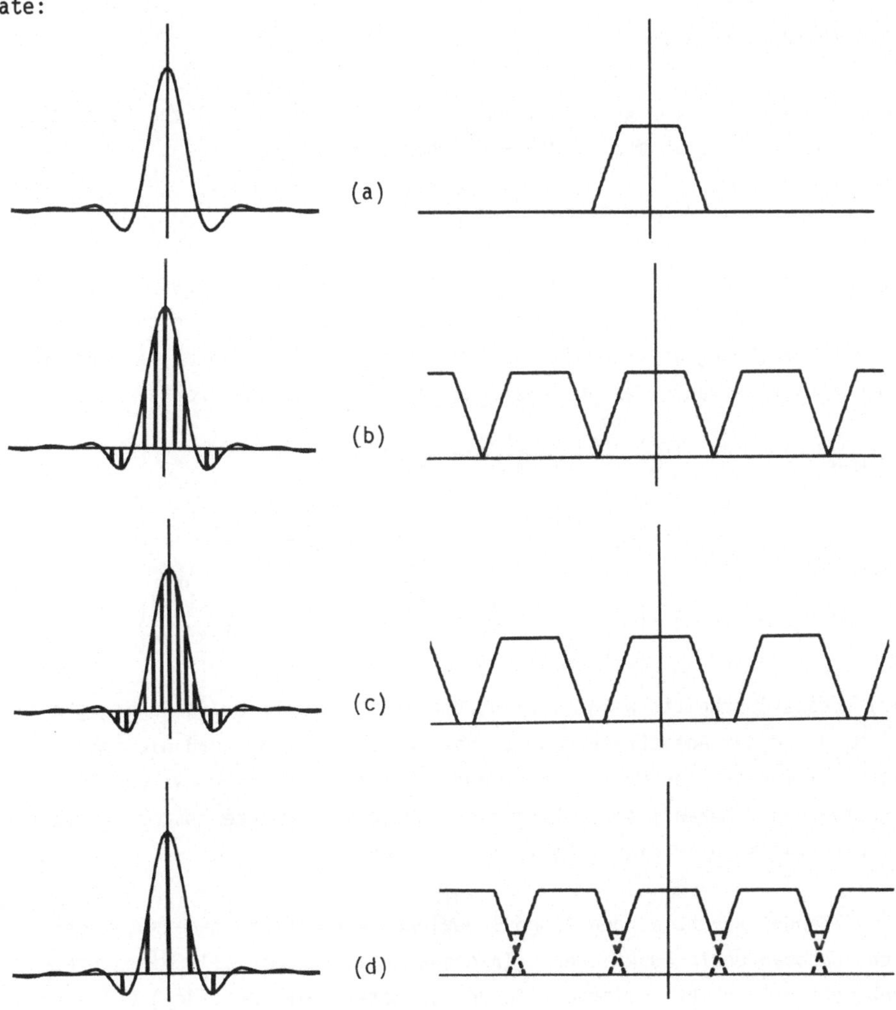

Bild 18.- (a) Funktion f mit Spektrum $\hat{f}$ (c) Abtastung mit $\Delta t < \frac{\pi}{\Omega}$
(b) Abtastung mit $\Delta t = \frac{\pi}{\Omega}$ (d) Abtastung mit $\Delta t > \frac{\pi}{\Omega}$

Den im letzten Fall auftretenden Effekt der Überlagerung der Spektren nennt man *Aliasing-Effekt*. Auf ihn werden wir später bei der bandbegrenzten Interpolation noch einmal zurückkommen.

6.2 EINIGE FEHLERABSCHÄTZUNGEN

6.2.1 ABSCHNEIDEFEHLER

Um die Abtastreihe zu berechnen, muß im Prinzip eine unendliche Summe ausgewertet werden. Hierzu müßten die endlichen Summen

$$S_{M,N}f(t) := \sum_{k=-M}^{N} f(\tfrac{k\pi}{\Omega}) \cdot \frac{\sin(\Omega t-k\pi)}{\Omega t-k\pi}$$

berechnet und der Grenzwert für $M,N\to\infty$ bestimmt werden. Dieses Verfahren ist jedoch in aller Regel nicht durchführbar. Daher begnügt man sich gewöhnlich mit der Berechnung einer endlichen Summe $S_{M,N}f(t)$, nimmt dabei allerdings einen Fehler in Kauf, den *Abschneidefehler* ("truncation error"):

$$\begin{aligned} T_{M,N}f(t) &= \sum_{k=-\infty}^{\infty} f(\tfrac{k\pi}{\Omega}) \cdot \frac{\sin(\Omega t-k\pi)}{\Omega t-k\pi} - S_{M,N}f(t) \\ &= \sum_{k=-\infty}^{-(M+1)} f(\tfrac{k\pi}{\Omega}) \cdot \frac{\sin(\Omega t-k\pi)}{\Omega t-k\pi} + \sum_{k=N+1}^{\infty} f(\tfrac{k\pi}{\Omega}) \cdot \frac{\sin(\Omega t-k\pi)}{\Omega t-k\pi} \\ &= \sin \Omega t \cdot \left\{ \sum_{k=-\infty}^{-(M+1)} \frac{(-1)^k \cdot f(\frac{k\pi}{\Omega})}{\Omega t-k\pi} + \sum_{k=N+1}^{\infty} \frac{(-1)^k \cdot f(\frac{k\pi}{\Omega})}{\Omega t-k\pi} \right\} \end{aligned}$$

Ziel dieses Abschnitts wird es sein, den Abschneidefehler in Abhängigkeit von M, N und der Abtastrate $\frac{\Omega}{\pi}$ abzuschätzen. Es ist klar, daß dies ohne weitere Informationen über f nicht möglich ist. Je nachdem, welche Eigenschaften von f bekannt sind, bieten sich unterschiedliche Abschätzverfahren an. Wir stellen hier einige Möglichkeiten vor.

Die folgenden Abschätzungen A und B beziehen sich auf allgemeine, auch nicht-bandbegrenzte Funktionen. (In diesem Fall stimmen allerdings die Funktionswerte nicht völlig mit denen der Abtastreihe überein.) C, D und E dagegen gelten nur dann, wenn die betrachtete Funktion strikt durch Ω bzw. $r\cdot\Omega$, $r<1$, bandbegrenzt ist.
Während A, B und C aus einfachen Rechnungen folgen, begnügen wir uns in D und E mit der Darstellung der Ergebnisse ohne Beweis.

Abschätzung A

Am einfachsten kann $T_{M,N}f$ abgeschätzt werden, wenn das Abklingverhalten von f bekannt ist. Aus Abschnitt 5.3 wissen wir, daß dieses aus Glattheitseigenschaften von $\hat{f}$ bestimmt werden kann. Ist z.B. $\hat{f}(\omega)$ n-mal stetig differenzierbar und

$$\hat{f}^{(n)}(\omega) \in \mathrm{Lip}_L(\alpha),$$

so ist $f(t) = O(t^{-(n+\alpha)})$ für $t \to \pm\infty$, also mit einer geeigneten Konstante C

$$|f(t)| \leq \frac{C}{|t|^{n+\alpha}}$$

und daher

$$|T_{M,N}f(t)| \leq C\cdot|\sin \Omega t|\cdot\left\{\sum_{k=-\infty}^{-(M+1)} \frac{1}{|\Omega t-k\pi|}\cdot\left(\frac{\Omega}{k\pi}\right)^{n+\alpha} + \sum_{k=N+1}^{\infty} \frac{1}{|\Omega t-k\pi|}\cdot\left(\frac{\Omega}{k\pi}\right)^{n+\alpha}\right\}.$$

Ist $t \leq \frac{l\pi}{\Omega}$, $l \leq N$, so ist für $k \geq N+1$

$$|\Omega t-k\pi| \geq (k-l)\pi \geq k\pi\left(1-\frac{l}{N+1}\right)$$

und

$$\sum_{k=N+1}^{\infty} \frac{1}{|\Omega t-k\pi|}\left(\frac{\Omega}{k\pi}\right)^{n+\alpha} \leq \frac{N+1}{N+1-l}\cdot\frac{1}{\pi}\cdot\left(\frac{\Omega}{\pi}\right)^{n+\alpha} \sum_{k=N+1}^{\infty} \frac{1}{k^{n+\alpha+1}}.$$

Ferner ist

$$\sum_{k=N+1}^{\infty} \frac{1}{k^{n+\alpha+1}} \leq \int_N^{\infty} \frac{1}{x^{n+\alpha+1}}\,dx = \frac{1}{n+\alpha}\cdot\frac{1}{N^{n+\alpha}}$$

Eine entsprechende Abschätzung kann für $\sum_{k=-\infty}^{-(M+1)} \frac{1}{|\Omega t-k\pi|}\cdot\left(\frac{\Omega}{k\pi}\right)^{n+\alpha}$

durchgeführt werden, und wir erhalten folgendes Resultat:

Ist $t \in [-\frac{l'\pi}{\Omega}, \frac{l\pi}{\Omega}]$, $l' \leq M$, $l \leq N$, so ist

$$|T_{M,N}f(t)| \leq \frac{2C}{\pi}\cdot\left(\frac{\Omega}{\pi}\right)^{n+\alpha}\cdot\frac{1}{n+\alpha}\cdot\left\{\frac{1}{N+1-l}\cdot\frac{1}{N^{n+\alpha}}+\frac{1}{M+1-l'}\cdot\frac{1}{M^{n+\alpha}}\right\}\cdot|\sin \Omega t|.$$

BEISPIEL

Es sei $|f(t)| \leq \frac{1}{t^2}$ und $\Omega = \pi$.
Im Intervall [-10,10] soll $|T_{N,N}f| \leq \varepsilon_o$ sein.
Für $\varepsilon_o = 0{,}01$ ergibt sich aus obiger Formel

$$N \geq 10$$

und für $\varepsilon_o = 10^{-4}$

$$N \geq 23.$$

Wie sehen die entsprechenden Abschätzungen für das Intervall [-100,100] aus?

Abschätzung B

Die Summe $\sum\limits_{k=N+1}^{\infty} \frac{(-1)^k f(\frac{k\pi}{\Omega})}{|\Omega t-k\pi|}$ kann mit Hilfe des Leibniz-Kriteriums abgeschätzt werden, wenn alle Werte $f(\frac{k\pi}{\Omega})$, $k \geq N+1$ positiv (oder alle negativ) sind und für $k \to \infty$ monoton gegen Null abfallen. In diesem Fall ist nämlich

$$\left| \sum_{k=N+1}^{\infty} \frac{(-1)^k f(\frac{k\pi}{\Omega})}{|\Omega t-k\pi|} \right| \leq \left| \frac{f(\frac{(N+1)\pi}{\Omega})}{\Omega t-(N+1)\pi} \right| \quad \text{für alle } t \leq \frac{N\cdot\pi}{\Omega}.$$

Gelten entsprechende Voraussetzungen auch für $f(\frac{k\pi}{\Omega})$, $k \leq -(M+1)$, (also: alle $f(\frac{k\pi}{\Omega})$ haben gleiches Vorzeichen und die Werte fallen für $k \to -\infty$ monoton gegen Null ab), so gilt für den Abschneidefehler:

$$|T_{M,N}f(t)| \leq |\sin \Omega t| \cdot \left\{ \left| \frac{f(\frac{(N+1)\pi}{\Omega})}{\Omega t-(N+1)\pi} \right| + \left| \frac{f(\frac{-(M+1)\pi}{\Omega})}{\Omega t+(M+1)\pi} \right| \right\}$$

für alle $t \in [-\frac{M\pi}{\Omega}, \frac{N\pi}{\Omega}]$.

Abschätzung C

Ist die Energie $E = \int\limits_{-\infty}^{\infty} f^2(t)\,dt$ eines durch Ω bandbegrenzten Signals $f(t)$ bekannt, so kann der Abschneidefehler mit Hilfe der Cauchy-Schwartzschen Ungleichung abgeschätzt werden. In diesem Fall gilt nämlich:

$$E = \frac{\pi}{\Omega} \cdot \sum_{k=-\infty}^{\infty} f^2(\frac{k\pi}{\Omega}).$$

Hieraus folgt:

$$|T_{M,N}f(t)| \leq |\sin \Omega t| \cdot \left\{ \sum_{k=-\infty}^{-(M+1)} \frac{|f(\frac{k\pi}{\Omega})|}{|\Omega t-k\pi|} + \sum_{k=N+1}^{\infty} \frac{|f(\frac{k\pi}{\Omega})|}{|\Omega t-k\pi|} \right\}$$

$$\leq |\sin \Omega t| \cdot \left\{ [\sum_{k=-\infty}^{-(M+1)} f^2(\tfrac{k\pi}{\Omega})]^{\frac{1}{2}} \cdot [\sum_{k=-\infty}^{-(M+1)} \frac{1}{(\Omega t-k\pi)^2}]^{\frac{1}{2}} \right.$$

$$\left. + [\sum_{k=N+1}^{\infty} f^2(\tfrac{k\pi}{\Omega})]^{\frac{1}{2}} \cdot [\sum_{k=N+1}^{\infty} \frac{1}{(\Omega t-k\pi)^2}]^{\frac{1}{2}} \right\}$$

$$\leq |\sin \Omega t| \cdot \sqrt{\frac{\Omega E}{\pi}} \cdot \left\{ [\sum_{k=-\infty}^{-(M+1)} \frac{1}{(\Omega t-k\pi)^2}]^{\frac{1}{2}} + [\sum_{k=N+1}^{\infty} \frac{1}{(\Omega t-k\pi)^2}]^{\frac{1}{2}} \right\} .$$

Die verbleibenden Summen können wieder durch Integrale abgeschätzt werden. Zum Beispiel ist für $t \leq \frac{N\pi}{\Omega}$

$$\sum_{k=N+1}^{\infty} \frac{1}{(\Omega t-k\pi)^2} \leq \int_N^{\infty} \frac{1}{(\Omega t-\pi \cdot x)^2}\, dx = \frac{1}{\pi} \cdot \frac{1}{N\pi-\Omega t} .$$

Hieraus folgt für $t \in [-\frac{M\pi}{\Omega}, \frac{N\pi}{\Omega}]$

$$|T_{M,N}f(t)| \leq |\sin \Omega t| \cdot \frac{1}{\pi} \cdot \sqrt{\Omega \cdot E} \cdot \left\{ \frac{1}{\sqrt{\pi M+\Omega t}} + \frac{1}{\sqrt{\pi N-\Omega t}} \right\} .$$

Über die Abschätzung des Abschneidefehlers für den Fall, daß die Abtastrate höher ist als die Nyquistrate, wurde eine Vielzahl von Arbeiten geschrieben. Wir führen hier zwei der wichtigsten Ergebnisse auf. Hierzu nehmen wir an, daß f eine durch $r \cdot \Omega$, $0 < r < 1$, bandbegrenzte Funktion ist (d.h. die Nyquistrate ist $\frac{r\Omega}{\pi}$), und daß die Punkte $\frac{k\pi}{\Omega}$, $k = 0, \pm 1, \pm 2, \ldots$ abgetastet werden (die Abtastrate ist damit $\frac{\Omega}{\pi}$).

Abschätzung D

Ist f(t) eine beschränkte Funktion, so kann der Abschneidefehler mit Hilfe von $\|f\| = \sup_{t \in \mathbb{R}} |f(t)|$ abgeschätzt werden. Dies zeigten Yao und Thomas, die in [25] zu folgendem Ergebnis kamen:

Für $t \in [(l-\frac{1}{2})\frac{\pi}{\Omega}, (l+\frac{1}{2})\frac{\pi}{\Omega})$, $-M < l < N$, ist

$$|T_{M,N}f(t)| \leq \frac{|\sin \Omega t|}{2\pi \cos \frac{r\pi}{2}} \cdot \left(\frac{1}{M+l} + \frac{1}{N-l}\right) \cdot \|f\| .$$

Abschätzung E

Ebenfalls in [25] wurde gezeigt: Für $t \in [(l-\frac{1}{2})\frac{\pi}{\Omega},(l+\frac{1}{2})\frac{\pi}{\Omega})$, $-M<l<N$ ist

$$|T_{M,N}f(t)| \leq \frac{2|\sin \Omega t|}{\pi^2} \cdot \frac{\sqrt{r}}{1-r} \cdot \left(\frac{1}{M+l} + \frac{1}{N-l}\right) \cdot \sqrt{E} ,$$

wobei E die Energie von f(t) ist.
Für r nahe bei 1 ist folgende Abschätzung besser [3]:

$$|T_{M,N}f(t)| \leq \left(\frac{2}{\pi}\right)^{3/2} \cdot |\sin \Omega t| \cdot \sqrt{\tan \frac{\pi r}{2}} \left(\frac{1}{M+l} + \frac{1}{N-l}\right) \cdot \sqrt{E} .$$

Am Beispiel der Funktion

$$f(t) = (1+t^2) \cdot e^{-\frac{t^2}{200}}$$

(s. Bild 19 a)) wird in 19 b) die Größe

$$\left|\frac{T_{20,20}f}{\sin 2t}\right|$$

mit den oben beschriebenen Abschätzungen verglichen. Die Abtastrate ist jeweils $\frac{2}{\pi}$. Folgende Eigenschaften von f wurden benutzt:

- $|f(t)| < \frac{10^4}{t^2}$ für $|t| \geq 10\pi$

- f ist näherungsweise durch $\Omega = 0,5$ bandbegrenzt.

Es zeigt sich, daß die Abschätzungen zum Teil recht grob sind. Man beachte auch, daß der Abschneidefehler zum Rand des Abtastbereiches hin groß wird.

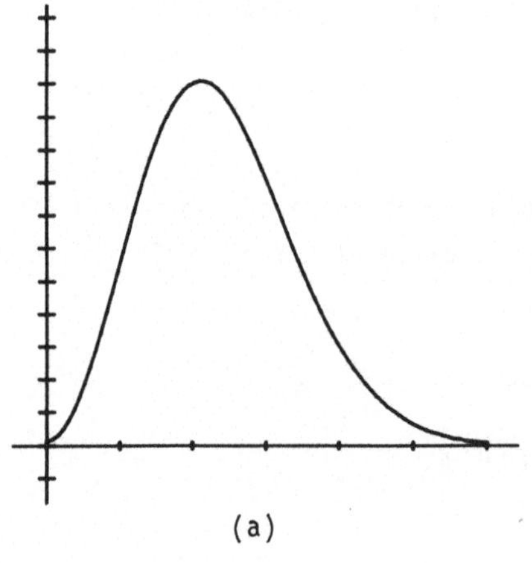

(a)

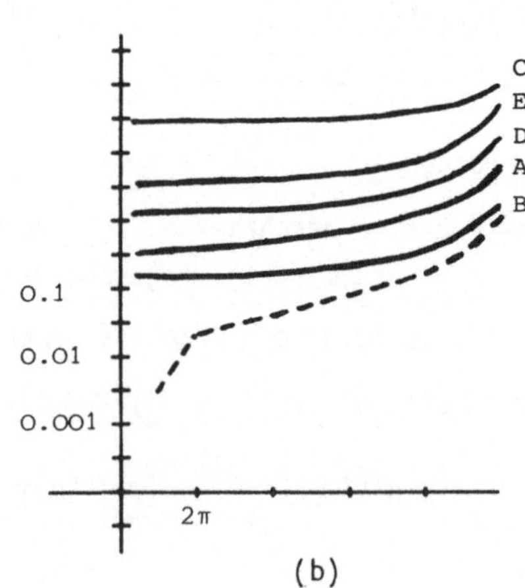

(b)

Bild 19.-

ÜBUNG

Von einer Funktion f(t) seien die Meßwerte f(k), k = 0,±1,...,±10

1) Schätzen Sie den Abschneidefehler der zugehörigen Abtastreihe im Zeitintervall [-3,3] ab. Es sei eine der folgenden Zusatzinformationen bekannt:

   a) f(t) fällt für $|t| \geq 10$, $|t| \to \infty$ monoton gegen Null ab.

   b) f ist durch $\Omega = 0.9\pi$ bandbegrenzt; E = 1.

   c) f ist durch $\Omega = 0{,}9\pi$ bandbegrenzt; $\|f\| = 1$.

2) Zur Verringerung des Abschneidefehlers in [-3,3] soll die Anzahl der Meßwerte verdoppelt werden. Folgende Alternativen sind möglich:

   a) Zusätzlich werden f(k), $k = \pm\frac{1}{2}, \pm\frac{3}{2}, \ldots, \pm\frac{21}{2}$ gemessen.

   b) Zusätzlich werden f(k), k = ±11,...,±20 gemessen.

   Wie sehen in beiden Fällen die Abtastreihen aus? Schätzen Sie erneut die Abschneidefehler und entscheiden Sie, ob a) oder b) "besser" ist. (Man beachte jedoch: Die oben beschriebenen Formeln geben nur Abschätzungen, nicht den wirklichen Fehler an!)

6.2.2 "TIME-JITTER" - FEHLER

Häufig werden die Funktionswerte $f(\frac{k\pi}{\Omega})$, die zur Berechnung der abgeschnittenen Reihe

$$S_{M,N}(t) = \sum_{k=-M}^{N} f(\frac{k\pi}{\Omega}) \cdot \frac{\sin(\Omega t-k\pi)}{\Omega t-k\pi}$$

benötigt werden, aus Messungen gewonnen. Eine mögliche Fehlerquelle ist hierbei, daß die Abtastpunkte nicht genau "getroffen" werden, daß also anstelle von $f(\frac{k\pi}{\Omega})$ Funktionswerte $f(\frac{k\pi}{\Omega}+\gamma_k)$ abgetastet werden. Der hierdurch auftretende Fehler wird gewöhnlich *time-jitter-Fehler* genannt. Er ist definiert durch

$$J_{M,N}f(t) = \sum_{k=-M}^{N} (f(\frac{k\pi}{\Omega}) - f(\frac{k\pi}{\Omega}+\gamma_k)) \cdot \frac{\sin(\Omega t-k\pi)}{\Omega t-k\pi} .$$

Zur Abschätzung von $J_{M,N}f$ setzen wir voraus, daß

$$|\gamma_k| \leq \gamma$$

ist für alle k zwischen -M und N. Der "time-jitter"-Fehler kann folgendermaßen abgeschätzt werden (Stichwort: Hölder-Ungleichung):
Ist $q > 1$ und $p = q/(q-1)$, so ist

$$|J_{M,N}f(t)| \leq \sum_{k=-M}^{N} |f(\tfrac{k\pi}{\Omega}) - f(\tfrac{k\pi}{\Omega} + \gamma_k)| \cdot \left|\frac{\sin(\Omega t - k\pi)}{\Omega t - k\pi}\right|$$

$$\leq (\sum_{k=-M}^{N} \left|f(\tfrac{k\pi}{\Omega}) - f(\tfrac{k\pi}{\Omega} + \gamma_k)\right|^p)^{1/p} \cdot (\sum_{k=-M}^{N} \left|\frac{\sin(\Omega t - k\pi)}{\Omega t - k}\right|^q)^{1/q} .$$

Ist f durch Ω bandbegrenzt, so folgt aus dem Satz von Bernstein:

$$|f'(t)| \leq \Omega \cdot \|f\|$$

und daher

$$|f(\tfrac{k\pi}{\Omega}) - f(\tfrac{k\pi}{\Omega} + \gamma_k)| \leq \gamma\Omega \cdot \|f\| .$$

Also ist

$$(\sum_{k=-M}^{N} |f(\tfrac{k\pi}{\Omega}) - f(\tfrac{k\pi}{\Omega} + \gamma_k)|^p)^{1/p} \leq \sqrt[p]{M+N+1} \cdot \gamma\Omega \, \|f\| .$$

Außerdem ist

$$\sum_{k=-M}^{N} \left|\frac{\sin(\Omega t - k\pi)}{\Omega t - k\pi}\right|^q \leq \sum_{k=-\infty}^{\infty} \left|\frac{\sin(\Omega t - k\pi)}{\Omega t - k\pi}\right|^q$$

$$\leq 3 + 2 \cdot \sum_{k=2}^{\infty} (\frac{1}{\pi \cdot (k - \frac{1}{2})})^q$$

$$\leq 3 + 2 \cdot \int_1^{\infty} (\frac{1}{\pi(x - \frac{1}{2})})^q \, dx = 3 + \frac{1}{q-1} \cdot (\frac{2}{\pi})^q$$

$$\leq (3 + \frac{1}{\sqrt[q]{q-1}})^q .$$

Insgesamt ist also

$$|J_{M,N}f(t)| \leq \gamma \cdot (3 + \frac{1}{\sqrt[q]{q-1}}) \cdot \sqrt[p]{M+N+1} \cdot \Omega \cdot \|f\| .$$

Für $q = p = 2$ folgt:

$$|J_{M,N}f(t)| \leq 4\gamma \cdot \sqrt{M+N+1} \cdot \Omega \cdot \|f\| .$$

Für große Zahlen M und N ist diese Formel unbrauchbar. Hier empfiehlt es sich, die Abschätzung mit Hilfe der Formel von Bernstein durch weitere Abschätzungen zu ergänzen. Zum Beispiel ist

$$|f(\frac{k\pi}{\Omega}) - f(\frac{k\pi}{\Omega} - \gamma_k)| \leq 2 \cdot \sup \{|f(t)|, \quad |t| \geq |\frac{k\pi}{\Omega}| - \gamma\},$$

was insbesondere für schnell abklingende Funktionen zu besseren Ergebnissen führt.

6.2.3 RUNDUNGSFEHLER

Ein weiterer Fehler bei der Auswertung der Abtastreihe ist der *Rundungsfehler*. Er entsteht, wenn die Abtastwerte $f(\frac{k\pi}{\Omega})$ nicht exakt bekannt sind, also z.B., wenn sie in digitalisierter Form vorliegen. Der Rundungsfehler ist definiert durch

$$R_{M,N}f(t) = \sum_{k=-M}^{N} \varepsilon(\frac{k\pi}{\Omega}) \cdot \sin \frac{(\Omega t - k\pi)}{\Omega t - k\pi}$$

mit

$$\varepsilon(\frac{k\pi}{\Omega}) = f(\frac{k\pi}{\Omega}) - f_m(\frac{k\pi}{\Omega}).$$

$f_m(\frac{k\pi}{\Omega})$ sind die zur Auswertung herangezogenen Werte.
Setzen wir voraus:

$$|\varepsilon(\frac{k\pi}{\Omega})| \leq \varepsilon_0,$$

so ergibt eine ähnliche Abschätzung wie in Abschnitt 6.2.2

$$|Rf(t)| \leq (3 + \frac{1}{q\sqrt{q-1}}) \cdot p\sqrt{M+N+1} \cdot \varepsilon_0,$$

mit $q > 1$, $p = q/(q-1)$.
Auch hier kann die Abschätzung häufig dadurch verbessert werden, daß für große k ε abgeschätzt wird durch

$$|\varepsilon(\frac{k\pi}{\Omega})| \leq 2 \cdot \sup \{|f(t)|, \quad |t| \geq |\frac{k\pi}{\Omega}|\}.$$

<u>ÜBUNG</u>

Auf wieviele Stellen hinter dem Komma müssen in der Abtastreihe zu Bild 19 die Funktionswerte bekannt sein, damit der Rundungsfehler höchstens 1/10 des Abschneidefehlers beträgt (und damit vernachlässigbar ist)?

Für weitere Fehlerabschätzungen im Zusammenhang mit der Abtastreihe sei der Leser auf den Übersichtsartikel [7], Abschnitt VI, "Error Analysis in Sampling Representation", sowie die darin angegebene Literatur verwiesen.

6.3 BANDBEGRENZTE APPROXIMATION UND INTERPOLATION

In den vorangegangenen Abschnitten haben wir bandbegrenzte Funktionen betrachtet und untersucht, welche Fehler in der Praxis bei Anwendung des Abtasttheorems auf bandbegrenzte Funktionen auftreten können. Wir wollen nun überlegen, inwieweit ähnliche Aussagen auch für nichtbandbegrenzte Funktionen gültig sind.
Wir betrachten dazu eine beliebige Funktion f und die Abtastreihe

$$S(t) = \sum_{n=-\infty}^{\infty} f(n\tfrac{\pi}{\Omega}) \frac{\sin(\Omega t - n\pi)}{\Omega t - n\pi}$$

für ein beliebiges aber festes Ω.

Kann man f durch diese Abtastreihe approximieren und wenn ja, wie gut ist diese Approximation?
Um diese Fragen zu beantworten, müssen wir den Fehler

$$|\varepsilon_\Omega f(t)| = |f(t) - S(t)|$$

untersuchen.
Wir setzen voraus, daß f und $\hat{f}$ integrierbar, d.h. aus $L^1(\mathbb{R})$ sind und daß f (gleichmäßig) stetig ist. Dann gilt

$$f(t) = \frac{1}{2\pi} \int_{-\infty}^{\infty} \hat{f}(\omega) e^{j\omega t}\, d\omega$$

$$(6.3.1) \qquad = \frac{1}{2\pi} \sum_{n=-\infty}^{\infty} \int_{(2n-1)\Omega}^{(2n+1)\Omega} \hat{f}(\omega) e^{j\omega t}\, d\omega .$$

Die Abtastreihe S(t) ist eine auf $[-\Omega,\Omega]$ bandbegrenzte Funktion. Berechnen wir zunächst das Spektrum $\hat{S}(\omega)$. Mit den Rechenregeln der Fouriertransformation aus Kapitel 4 erhält man:

$$S(t) = \sum_{n=-\infty}^{\infty} f(n\tfrac{\pi}{\Omega}) \frac{\sin(\Omega t - n\pi)}{\Omega t - n\pi}$$

$$\circ\!\!-\!\!\bullet$$

$$\hat{S}(\omega) = \begin{cases} \frac{\pi}{\Omega} \sum\limits_{n=-\infty}^{\infty} f(n\frac{\pi}{\Omega}) e^{-j\omega\frac{\pi}{\Omega}n} & , |\omega| < \Omega \\ 0 & , |\omega| > \Omega \end{cases}$$

oder was gleichbedeutend damit ist:

$$\hat{S}(\omega) = \begin{cases} \sum_{n=-\infty}^{\infty} \hat{f}(2n\Omega+\omega) & , |\omega| < \Omega \\ 0 & , |\omega| > \Omega \ . \end{cases}$$

Damit erhalten wir für S(t) die Darstellung

$$\begin{aligned}
S(t) &= \frac{1}{2\pi} \int_{-\Omega}^{\Omega} \hat{S}(\omega)e^{j\omega t}\, d\omega \\
&= \frac{1}{2\pi} \int_{-\Omega}^{\Omega} \sum_{n=-\infty}^{\infty} \hat{f}(2n\Omega+\omega)e^{j\omega t}\, d\omega \\
&= \frac{1}{2\pi} \sum_{n=-\infty}^{\infty} \int_{-\Omega}^{\Omega} \hat{f}(2n\Omega+\omega)e^{j\omega t}\, d\omega \\
&= \frac{1}{2\pi} \sum_{n=-\infty}^{\infty} \int_{(2n-1)\Omega}^{(2n+1)\Omega} \hat{f}(\nu)e^{jt(\nu-2n\Omega)}\, d\nu \\
&= \frac{1}{2\pi} \sum_{n=-\infty}^{\infty} e^{-jt2n\Omega} \int_{(2n-1)\Omega}^{(2n+1)\Omega} \hat{f}(\nu)e^{jt\nu}\, d\nu
\end{aligned}$$

$$(6.3.2) \qquad = \frac{1}{2\pi} \sum_{n=-\infty}^{\infty} e^{-jt2n\Omega} \int_{(2n-1)\Omega}^{(2n+1)\Omega} \hat{f}(\omega)e^{jt\omega}\, d\omega \ .$$

Fassen wir jetzt die Gleichungen (6.3.1) und (6.3.2) zusammen, dann ergibt sich:

$$\begin{aligned}
|\varepsilon_\Omega f(t)| &= |f(t) - S(t)| \\
&= \left|\frac{1}{2\pi} \sum_{n=-\infty}^{\infty} \int_{(2n-1)\Omega}^{(2n+1)\Omega} \hat{f}(\omega)e^{j\omega t}\, d\omega - \frac{1}{2\pi} \sum_{n=-\infty}^{\infty} e^{-jt2n\Omega} \int_{(2n-1)\Omega}^{(2n+1)\Omega} \hat{f}(\omega)e^{j\omega t} d\omega\right| \\
&= \left|\frac{1}{2\pi} \sum_{n=-\infty}^{\infty} (1-e^{jt2n\Omega}) \int_{(2n-1)\Omega}^{(2n+1)\Omega} \hat{f}(\omega)e^{j\omega t}\, d\omega\right| \\
&\leq \frac{2}{2\pi} \sum_{\substack{n=-\infty \\ n\neq 0}}^{\infty} \left| \int_{(2n-1)\Omega}^{(2n+1)\Omega} \hat{f}(\omega)e^{j\omega t}\, d\omega\right| \\
&\leq \frac{1}{\pi} \int_{|\omega|>\Omega} |\hat{f}(\omega)|\, d\omega \ .
\end{aligned}$$

Wir erhalten somit die folgenden Ergebnisse:

Sei f eine (gleichmäßig) stetige und absolut integrierbare Funktion:

(a) Ist f zusätzlich noch bandbegrenzt auf $[-\Omega,\Omega]$, dann ist für alle $t \in \mathbb{R}$ $\varepsilon_\Omega f(t) = 0$ und damit $f(t) = S(t)$.

(Wir haben somit das Abtasttheorem noch einmal bewiesen.)

(b) Ist $\hat{f}$ auch absolut integrierbar, dann ist

$$\lim_{\Omega\to\infty} |\varepsilon_\Omega f(t)| = 0.$$

f(t) wird also approximiert durch die Abtastreihe, d.h.

$$f(t) = \lim_{\Omega\to\infty} \sum_{n=-\infty}^{\infty} f\left(\frac{n\cdot\pi}{\Omega}\right) \frac{\sin(\Omega t - n\pi)}{\Omega t - n\pi},$$

wobei die Reihe gleichmäßig in t gegen f(t) konvergiert.

(c) Die Abtastreihe interpoliert f(t) an den Stellen $t = \frac{n\pi}{\Omega}$ für festes Ω.

(d) Für den Fehler $|\varepsilon_\Omega f(t)|$ gilt die Abschätzung

$$|\varepsilon_\Omega f(t)| \leq \frac{1}{\pi} \int_{|\omega|>\Omega} |\hat{f}(\omega)|\, d\omega \quad \text{für alle } t \in \mathbb{R}.$$

BEISPIEL

Betrachten wir die Funktion $f(t) = \frac{1}{t^2+1}$. Es ist $\hat{f}(\omega) = \pi e^{-|\omega|}$. Wir erhalten somit die Fehlerabschätzung

$$|\varepsilon_\Omega f(t)| \leq \frac{1}{\pi} \int_{|\omega|>\Omega} |\hat{f}(\omega)|\, d\omega = \frac{1}{\pi} \int_{|\omega|>\Omega} \pi e^{-|\omega|}\, d\omega$$

$$= \frac{2\pi}{\pi} \int_\Omega^\infty e^{-\omega}\, d\omega = \frac{2}{e^\Omega}.$$

Es ist offensichtlich, daß der Fehler $|\varepsilon_\Omega f(t)|$ klein wird, wenn $\hat{f}(\omega)$ schnell abklingt. Wir wissen aber bereits, daß das Abklingverhalten von $\hat{f}(\omega)$ zusammenhängt mit der Glattheit von f(t). Benutzen wir nun die Ergebnisse aus Kapitel 5, so erhalten wir die folgenden Fehlerabschätzungen (vgl. z.B. [21]):

(a) Ist $f \in L^1_{(r+1)}$, so ist

$$\hat{f}(\omega) = O\left(\frac{1}{|\omega|^{r+1}}\right),$$

also gilt für den Fehler

$$|\varepsilon_\Omega f(t)| = O\left(\frac{1}{|\Omega|^r}\right).$$

b) Ist $f \in L^1(\mathbb{R})$, $f(t) = O(|t|^{-\gamma})$ für $\gamma > 0$ und $f^{(r)} \in \mathrm{Lip}\,\alpha(0 < \alpha \leq 1)$ für ein $r \in \mathbb{N}_0$, so gilt

$$|\varepsilon_\Omega f(t)| = O\left(\frac{\log \Omega}{\Omega^{r+\alpha}}\right).$$

In der Praxis hat man es oft mit unstetigen Funktionen zu tun. Will man diese jedoch durch die Abtastreihe approximieren, so zeigt sich ein recht unangenehmes Verhalten, das unter dem Stichwort *Gibb'sches Phänomen* bekannt ist. Um dieses Phänomen zu erläutern, stellen wir die Abtastreihe zunächst in anderer Form dar und zwar durch ein Faltungsintegral. Sei

$\chi_\Omega(t) = \frac{\sin \Omega t}{\pi t}$ (wir wissen bereits, daß dann $\hat{\chi}_\Omega(t) = \begin{cases} 1 & |\omega| \leq \Omega \\ 0 & |\omega| > \Omega \end{cases}$ ist),

dann ist für eine Funktion f

$$(f*\chi_\Omega)(t) = \frac{1}{2\pi}\int_{-\infty}^{\infty} \hat{f}(\omega)\hat{\chi}_\Omega(\omega)e^{j\omega t}d\omega = \frac{1}{2\pi}\int_{-\Omega}^{\Omega} \hat{f}(\omega)e^{j\omega t}d\omega .$$

Ist f bandbegrenzt auf $[-\Omega,\Omega]$, dann ist $(f*\chi_\Omega)(t) = f(t)$, ansonsten gilt $\lim_{\Omega\to\infty} (f*\chi_\Omega)(t) = f(t)$ (mit den "üblichen" Voraussetzungen an f).
Diese Beziehung wollen wir jetzt ausnutzen, um das Verhalten der Abtastreihe an Sprungstellen zu erläutern. Der Einfachheit halber betrachten wir dazu die Sprungfunktion

$$\sigma(t) = \begin{cases} 1 & t \geq 0 \\ 0 & t < 0 . \end{cases}$$

Es ist

$$\begin{aligned}(\sigma*\chi_\Omega)(t) &= \int_{-\infty}^{\infty} \sigma(s)\chi_\Omega(t-s)ds = \int_{0}^{\infty} \frac{\sin \Omega(t-s)}{\pi(t-s)}\, ds \\ &= \int_{-\infty}^{\Omega t} \frac{\sin x}{\pi x}\, dx = \frac{1}{\pi}\int_{-\infty}^{0} \frac{\sin x}{x}\, dx + \frac{1}{\pi}\int_{0}^{\Omega t} \frac{\sin x}{x}\, dx \\ &= \frac{1}{2} + \frac{1}{\pi}\int_{0}^{\Omega t} \frac{\sin x}{x}\, dx.\end{aligned}$$

Es ist $\lim_{\Omega\to\infty} (\sigma*\chi_\Omega)(0) = \frac{1}{2} = \sigma(0)$, wenn man die Funktion σ an der Sprungstelle durch das arithmetische Mittel der links- und rechtsseitigen Grenzwerte definiert, also

$$\sigma(0) := \frac{\sigma(0+) - \sigma(0-)}{2} = \frac{1}{2}.$$

Schauen wir uns jedoch die Funktion $(\sigma * \chi_\Omega)(t)$ für endliches Ω einmal an.

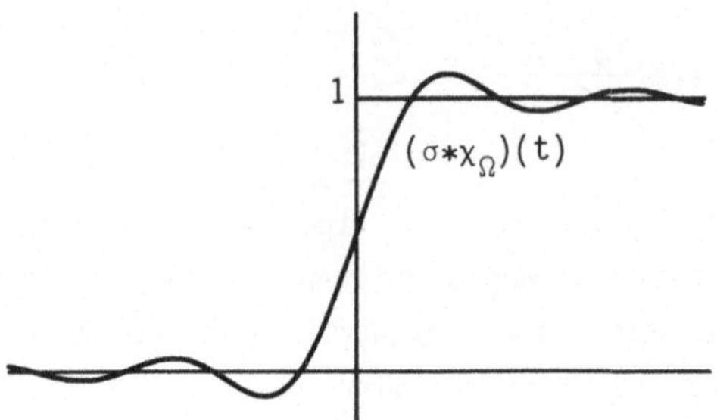

Bild 20.-

Vergrößert man Ω, so rücken die "Schwingungen" von $\sigma * \chi_\Omega$ immer näher an die Unstetigkeitsstelle von σ heran, die Höhe des Überschwingens von etwa 9% des Funktionssprunges bleibt jedoch unverändert. Diese Erscheinung ist als Gibb'sches Phänomen bekannt.

6.4 VERALLGEMEINERTE ABTASTREIHEN

6.4.1 DIE IDEE DER VERALLGEMEINERUNG

Die klassische Abtastreihe

$$\sum_{n=-\infty}^{\infty} f\left(n\,\frac{\pi}{\Omega}\right) \frac{\sin(\Omega t - n\pi)}{\Omega t - n\pi}$$

hat für praktische Berechnungen einige gravierende Nachteile. So konvergiert die Abtastreihe i.a. nur sehr langsam, da $\frac{\sin t}{t}$ nur wie $\frac{1}{t}$ abfällt. Das hat zur Folge, daß der Abschneidefehler, der dadurch entsteht, daß man die unendliche Reihe durch eine endliche ersetzt, unter Umständen sehr groß wird.

Die in der Praxis auftretenden Funktionen sind häufig nicht stetig. Durch das unangenehme Verhalten (Gibb'sches Phänomen) der klassischen Abtastreihe an Sprungstellen der abzutastenden Funktion ist sie zur Approximation von unstetigen Signalen völlig ungeeignet.
Hinzu kommt, daß $\frac{\sin t}{t}$ eine transzendente Funktion ist. Zu ihrer Berechnung werden bei Computern i.a. Potenzreihen benutzt, was relativ viel Rechenzeit erfordert.

Die Idee, allgemeinere Abtastreihen zu untersuchen, um damit die Nachteile

der klassischen Abtastreihe zu umgehen, wurde bereits von vielen Autoren untersucht, so z.B. [20], [21], [4]. Wir wollen in diesem Abschnitt Ergebnisse aus [15] vorstellen, da sie uns für praktische Anwendungen durchaus als nützlich erscheinen. Wir beschränken uns dabei auf eine Zusammenstellung der wichtigsten Resultate, alle Beweise findet man durchgeführt bzw. zitiert in [15].
Man betrachtet statt der Reihe

$$\sum_{n=-\infty}^{\infty} f(n\tfrac{\pi}{\Omega}) \frac{\sin(\Omega t-n\pi)}{(\Omega t-n\pi)}$$

eine *verallgemeinerte Abtastreihe* (kurz VAR)

$$(S_{\chi,\Omega}f)(t) = \sum_{n=-\infty}^{\infty} f(n\tfrac{\pi}{\Omega})\chi(\Omega t-n\pi),$$

bei der die Funktion $\frac{\sin t}{t}$ durch eine Funktion $\chi(t)$ ersetzt wird, die für "angenehme" Eigenschaften der Abtastreihe sorgen soll.
Ziel ist dabei zunächst, daß für jede stückweise stetige und beschränkte Funktion f mit abzählbar unendlich vielen Sprungstellen gilt:

$$f(t) = \lim (S_{\chi,\Omega}f)(t) = \lim_{\Omega\to\infty} \sum_{n=-\infty}^{\infty} f(n\tfrac{\pi}{\Omega})\chi(\Omega t-n\pi)$$

und zwar in allen Punkten $t\in\mathbb{R}$, in denen f stetig ist.

Damit diese Aussage in dieser Allgemeinheit gültig ist, muß die Funktion $\chi(t)$ gewisse Voraussetzungen erfüllen.

Sei $\chi\colon \mathbb{R}\to\mathbb{R}$

(1) stetig, beschränkt und gerade,

(2) $\sum_{k=-\infty}^{\infty} |\chi(t-k)| < \infty$ für $t\in\mathbb{R}$, wobei die Reihe gleichmäßig in $[0,1]$ konvergiert,

(3) $\sum_{k=-\infty}^{\infty} \chi(t-k) = 1$ für $t\in\mathbb{R}$,

dann heißt χ *Kern für verallgemeinerte Abtastreihen* oder kurz: KVAR.
Unter diesen Voraussetzungen an $\chi(t)$ gilt dann die obige Aussage.

Bedingung (3) ist äquivalent zu

(3') $\hat{\chi}(0) = 1$ und $\hat{\chi}(2\pi n) = 0$ für $n\in\mathbb{Z}\setminus\{0\}$.

Diese Bedingungsgleichungen an die Fouriertransformierte von χ ermöglichen es uns, Funktionen, die als KVAR in Frage kommen, näher zu charakterisieren. Betrachten wir die absolut integrierbaren und (gleichmäßig) *) stetigen Funktionen. Eine solche Funktion χ ist ein KVAR, falls Bedingung (3') gilt und zusätzlich eine der folgenden Voraussetzungen erfüllt ist:

(a) χ ist zeitbegrenzt,

(b) χ' ist absolut integrierbar,

(c) χ ist eine *schnell abfallende* **) Funktion,

(d) χ ist bandbegrenzt mit Bandgrenze $\Omega \leq 2\pi$.
(In diesem Fall reduziert sich (3') auf $\hat{\chi}(0) = 1$.)

Betrachten wir hierzu einige Beispiele, die auch für die weiteren Ausführungen von Interesse sein werden.

BEISPIELE

(1) Zeitbegrenzte Kerne sind z.B. die *B-Splines*, die sich durch fortlaufende Faltung der Rechteckfunktion mit sich selbst ergeben, d.h. sei

$$\varphi(t) = \begin{cases} 1 & |t| \leq \frac{1}{2} \\ 0 & \text{sonst} \end{cases},$$

dann definiert man

$$B_n(t) = (\underbrace{\varphi * \ldots * \varphi}_{n\text{-mal}})(t).$$

Für $n > 1$ ist $B_n(t)$ ein KVAR. $B_n(t)$ läßt sich auch darstellen durch

$$B_n(t) = \frac{1}{2\pi} \int_{-\infty}^{\infty} \left(\frac{\sin \omega/2}{\omega/2}\right)^n e^{i\omega t}\, d\omega,$$

d.h. als Fourierrücktransformierte der Potenzen von $\frac{\sin \omega/2}{\omega/2}$. Für die Berechnung der B-Splines ist die folgende rekursive Darstellung sehr nützlich:

---

*) Vgl. die Bemerkung zum Abtasttheorem

**) Eine meßbare und beschränkte Funktion f heißt *schnell abfallend*, falls es zu jedem $m \in \mathbb{N}$ eine nur von m abhängige Konstante C_m gibt, so daß $|t^m f(t)| \leq C_m$ ist für alle $t \in \mathbb{R}$.
Anschaulich bedeutet dies, daß f schneller gegen Null geht als jede Potenz $1/t^m$. Zu dieser Funktionenklasse gehören z.B. die in Abschnitt 2.4 eingeführten Testfunktionen aus S. Die Menge aller schnell abfallenden Funktionen bezeichnen wir mit A.

$$B_n(t) = \begin{cases} n \sum\limits_{k=0}^{[\frac{n}{2} - |t|]} \dfrac{(-1)^k (\frac{n}{2} - |t| - k)^{n-1}}{k!(n-k)!} & |t| \le \frac{n}{2} \\ 0 & \text{sonst} \end{cases}$$

([ ] seien die Gaußklammern, d.h. $[x] := \max\{k \in \mathbb{Z} \mid k \le x\}$ für $x \in \mathbb{R}$).

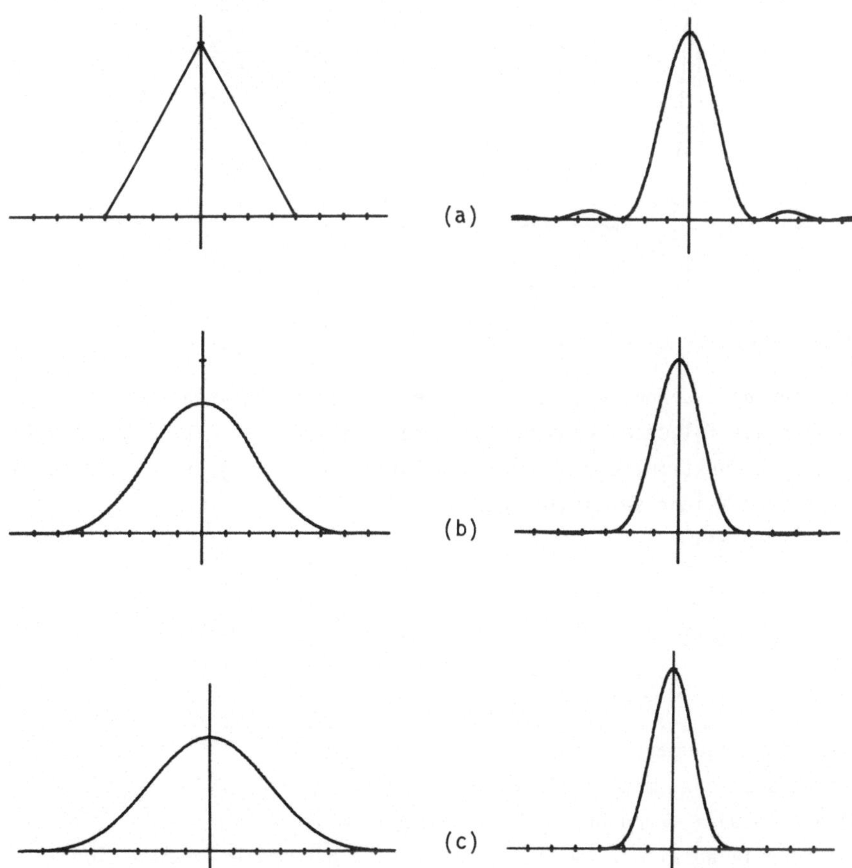

Bild 21.- (a) $B_2(t)$ und $\hat{B}_2(\omega)$
(b) $B_3(t)$ und $\hat{B}_3(\omega)$
(c) $B_4(t)$ und $\hat{B}_4(\omega)$

(2) Ein Beispiel für einen bandbegrenzten KVAR ist die Funktion

$$\chi(t) = \frac{4\,\sin(\frac{3}{4}\,\Omega t)\sin(\frac{1}{4}\,\Omega t)}{\pi\Omega t^2}$$

mit $\Omega \leq 2\pi$.

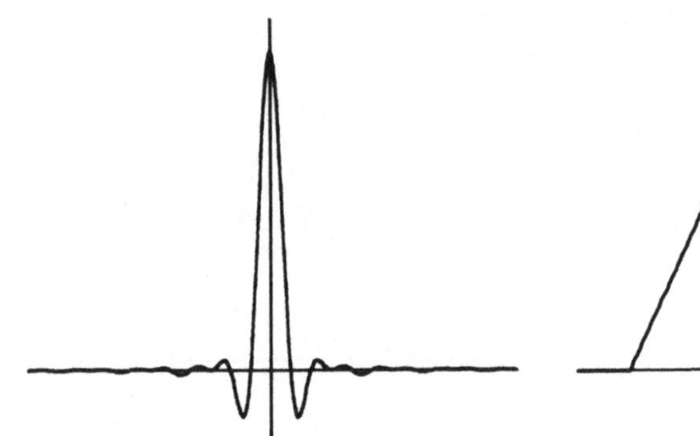

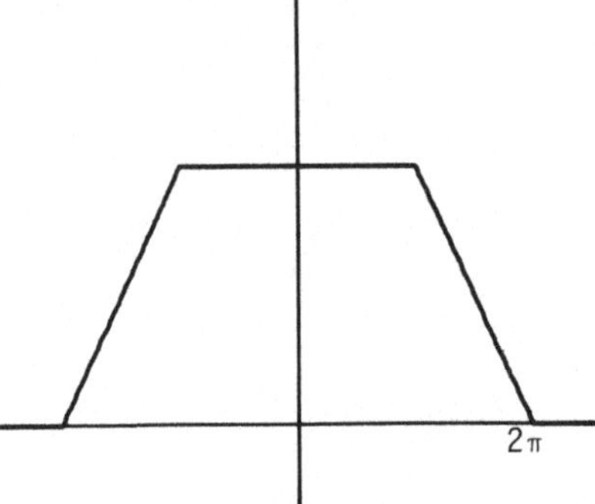

Bild 22.- $\chi(t)$ und $\hat{\chi}(\omega)$ für $\Omega = 2\pi$

(3) Bandbegrenzte Kerne, die noch weitere angenehme Eigenschaften besitzen, lassen sich auf folgende Weise konstruieren: Sei g eine unendlich oft differenzierbare Funktion, deren Träger im Intervall $[\pi(1-a),\pi(1+a)]$, $0<a<1$ enthalten ist. Weiter sei $g(x+\pi)$ gerade und

$$\int_{\pi(1-a)}^{\pi(1+a)} g(x)dx = M.$$

Dann ist die Funktion

$$G(t) = \frac{1}{M}\,\frac{\sin\,\pi t}{\pi t}\,e^{-i\pi t}\hat{g}(t)$$

ein KVAR mit folgenden Eigenschaften:

- G ist bandbegrenzt mit $\Omega = \pi(1+a)$,
- $\hat{G}(0) = 1$, $G(0) = 1$ und $G(k) = 0$ für $k \in \mathbb{Z} \setminus \{0\}$,
- G ist schnell abfallend (χ ist sogar aus S, d.h. eine Testfunktion im Sinne von Abschnitt 2.4).

Für die zugehörige Abtastreihe

$$(S_{G,\Omega}g)(t) = \sum_{n=-\infty}^{\infty} f(n\,\tfrac{\pi}{\Omega})G(\Omega t-n\pi)$$

gilt:

Es ist $S_{G,\Omega}f = f$ für alle bandbegrenzten f mit Bandgrenze $\leq \pi(1-a)\Omega$, $\Omega > 0$, d.h. die Abtastreihe reproduziert bandbegrenzte Funktionen.

Als Kerne für verallgemeinerte Abtastreihen kommen Funktionen mit recht unterschiedlichen Eigenschaften in Frage, dementsprechend haben auch die zugehörigen Abtastreihen ein unterschiedliches Verhalten. *Welche* Abtastreihen man *wann* auswählt, hängt sicher davon ab, auf *welche* Kriterien man speziell bei praktischen Anwendungen besonderen Wert legt. Als "Güte-Kriterien" für verallgemeinerte Abtastreihen kann man z.B. die folgenden Eigenschaften zugrunde legen:

- Die Reihe soll möglichst schnell gegen die Funktion konvergieren, d.h. der Fehler

  $$\left| f(t) - \sum_{n=-\infty}^{\infty} \right| f(n \tfrac{\pi}{\Omega}) \chi(\Omega t - n\pi) |$$

  soll für festes Ω möglichst klein werden.
- Die Reihe soll auch an Sprungstellen einer unstetigen Funktion f(t) konvergieren (und zwar gegen $\frac{1}{2}(f(\tau+0)+f(\tau-0))$, wenn τ die Sprungstelle ist).
- Der Abschneidefehler, der dadurch entsteht, daß man die unendliche Reihe durch eine endliche ersetzt, soll möglichst klein werden.
- Die Reihe sollte die Funktion gut "lokal" approximieren, d.h. das Approximationsverhalten der Reihe in einem Intervall sollte von den Eigenschaften der Funktion außerhalb dieses Intervalls weitgehend unabhängig sein.
- Die Reihe sollte die Funktion interpolieren, d.h. die Funktionswerte sollten an den Abtastpunkten mit denen der Reihe übereinstimmen.
- Schließlich sollte die Reihe auf einem Rechner möglichst leicht berechenbar sein.

Es gibt keinen Kern, dessen zugehörige verallgemeinerte Abtastreihe *alle* "Güte-Kriterien" optimal erfüllt. Wird ein Kriterium besonders gut erfüllt, so ist oft ein anderes gar nicht oder nur schlecht erfüllt. Einige Kriterien schließen sich von vornherein gegenseitig aus (wie z.B. die Interpolationseigenschaft und die Konvergenz an Sprungstellen).

Wir wollen uns im folgenden einige verallgemeinerte Abtastreihen ansehen, die eines oder mehrere der angegebenen Kriterien besonders gut erfüllen und damit bei konkreten Erfordernissen und Vorgaben in der Praxis verwendet werden können.

6.4.2 KONVERGENZ AN SPRUNGSTELLEN

Unser Ziel ist, einen KVAR zu finden, für den gilt:

$$\lim_{\Omega\to\infty} \sum_{n=-\infty}^{\infty} f(n \tfrac{\pi}{\Omega})\chi(\Omega\tau-n\pi) = \tfrac{1}{2}(f(\tau-0)+f(\tau+0))$$

für jede stückweise stetige und beschränkte Funktion f mit abzählbar unendlich vielen Sprungstellen τ.

Es stellt sich heraus, daß die Konvergenz für diese Klasse von Funktionen genau dann gilt, wenn

$$(*) \qquad \sum_{k>t} \chi(t-k) = \frac{1}{2} \qquad \text{für } t \in \mathbb{R}$$

ist.

Da die Bedingung (*) nur abhängig ist vom Kern χ und nicht von der abzutastenden Funktion, haben wir somit ein starkes hinreichendes und notwendiges Kriterium für die Konvergenz von Abtastreihen an Sprungstellen zur Hand.

Kerne, deren Abtastreihen an Sprungstellen konvergieren, haben nicht die "übliche" Glockenform. Wegen (*) ist

$$\sum_{k>t} \chi(t-k) = \frac{1}{2} \qquad \text{für } t \in \mathbb{R}\text{, also auch für } t = 0.$$

Somit ist

$$\frac{1}{2} = \sum_{k>0} \chi(-k) = \sum_{k=1}^{\infty} \chi(-k).$$

Da χ gerade ist, gilt ebenso

$$\sum_{k=1}^{\infty} \chi(k) = \frac{1}{2},$$

also $\sum_{\substack{k=-\infty \\ k\neq 0}}^{\infty} \chi(k) = 1.$

Nach Bedingung (3) in der Definition für einen KVAR muß gelten

$$\sum_{k=-\infty}^{\infty} \chi(t-k) = 1 \qquad \text{für alle } t \in \mathbb{R},$$

damit ist $\chi(0) = 0$ (**).

Diese Kerne besitzen auch nicht die Interpolationseigenschaft. Denn nehmen wir an, es gäbe einen Kern χ, dessen Abtastreihe die Funktion an den Abtastwerten interpoliert, d.h.

$$f(m\frac{\pi}{\Omega}) = \sum_{n=-\infty}^{\infty} f(n\frac{\pi}{\Omega})\chi(m\pi-n\pi) \quad \text{für } m\in\mathbb{Z}.$$

Wählen wir z.B. die Funktion

$$f(t) = \begin{cases} 1 & |t| < \frac{\pi}{\Omega} \\ 0 & \text{sonst}, \end{cases}$$

dann ist

$$f(m\frac{\pi}{\Omega}) = \sum_{n=-\infty}^{\infty} f(n\frac{\pi}{\Omega})\chi(m\pi-n\pi) = f(0\cdot\frac{\pi}{\Omega})\chi(m\pi) = \begin{cases} 1 & m = 0 \\ 0 & \text{sonst}. \end{cases}$$

Dann muß gelten

$$\chi(0) = 1 \quad \text{und} \quad \chi(m\pi) = 0 \quad \text{für } 0 \neq m\in\mathbb{Z},$$

und das ist ein Widerspruch zu (**).

Auch bandbegrenzte Kerne kommen für die Konvergenz an Sprungstellen nicht in Frage, siehe z.B. [16].

Wir wollen uns nun ansehen, wie sich Kerne konstruieren lassen, deren Abtastreihe an Sprungstellen konvergiert.

BEISPIEL

(4) Sei χ ein zeitbegrenzter KVAR mit Zeitgrenze T. Dann ist

$$\overline{\chi}(t) = \frac{1}{2}(\chi(t-T) + \chi(t+T))$$

ein zeitbegrenzter KVAR mit Zeitgrenze 2T, und die zugehörige Abtastreihe erfüllt außerdem die gewünschte Konvergenzbedingung an Sprungstellen der abgetasteten Funktionen.

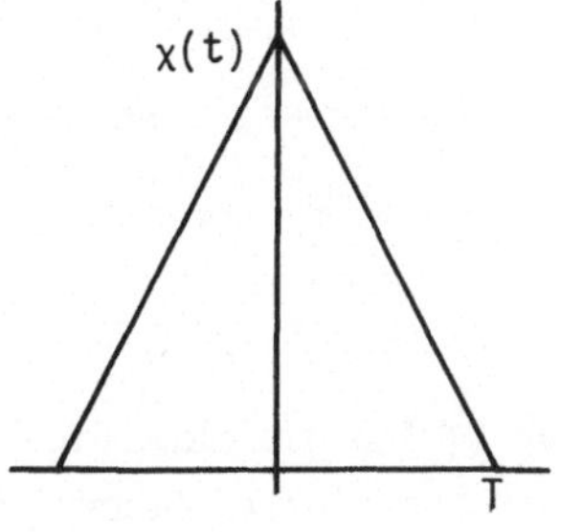

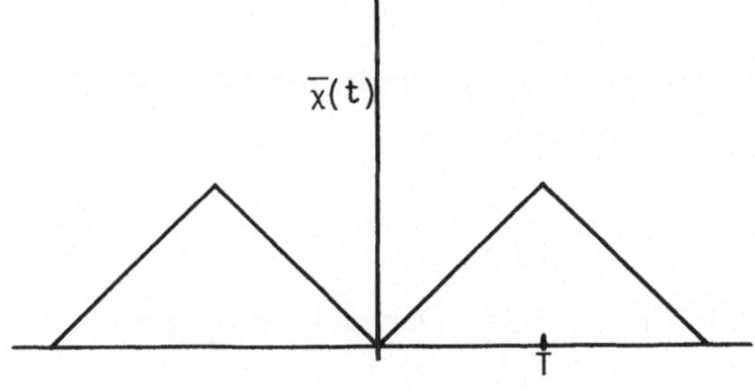

Bild 23.-

BEISPIEL

(5) Mit Hilfe der B-Splines lassen sich weitere Kerne für unsere Zwecke konstruieren. Sei dazu χ ein KVAR mit

$$\chi(t) = 0 \qquad \text{für } t \in [-\tfrac{n}{2},\tfrac{n}{2}],\ n \in \mathbb{N}.$$

(Einen solchen Kern erhält man z.B. dadurch, daß man wie in Beispiel 4 zunächst einen zeitbegrenzten KVAR betrachtet und ihn dann statt um T um $T+\frac{n}{2}$ nach links und rechts verschiebt.)
Dann ist

$$\chi_n(t) = (\chi * B_n)(t)$$

ein KVAR, dessen VAR an Sprungstellen konvergiert.

6.4.3 APPROXIMATIONSVERHALTEN

Wie gut Funktionen von verallgemeinerten Abtastreihen approximiert werden, hängt zum einen vom Aussehen der Funktion selbst ab, z.B. wie glatt diese ist, und zum anderen vom Aussehen der Kerne.
Besonders gut approximieren Abtastreihen mit schnell abfallenden Kernen. Sei $\chi \in A$ ein KVAR. Dann gilt für $0 < \alpha \leq 1$:
Ist $f \in \mathrm{Lip}\ \alpha$, dann ist

$$\|f - S_{\chi,\Omega}f\| = O(\frac{1}{\Omega^{\alpha}}) \quad \text{für } \Omega \to \infty.$$

Diese Abtastreihen zeigen auch gutes *lokales* Approximationsverhalten. Betrachten wir eine beschränkte, stückweise stetige Funktion f mit abzählbar unendlich vielen Sprungstellen. Ist für ein $t^* \in \mathbb{R}$ und $\gamma > 0$ die Einschränkung von f auf das Intervall $[t^*-\gamma, t^*+\gamma]$ aus Lip α, dann ist

$$|f(t^*)-(S_{\chi,\Omega}f)(t^*)| = O(\frac{1}{\Omega^{\alpha}}) \qquad (\Omega \to \infty),$$

d.h. das Approximationsverhalten in t* ist nur abhängig vom Aussehen der Funktion in einer kleinen Umgebung von t*.

Eine Approximationsordnung von $O(\frac{1}{\Omega^{n+1}})$ $(\Omega \to \infty)$ läßt sich erreichen, wenn $\chi \in A$ gewisse Voraussetzungen erfüllt, und zwar müssen die j-ten *Summenmomente*

$$\sum_{k=-\infty}^{\infty} \chi(t-k)(t-k)^j\ , \qquad t \in \mathbb{R},$$

für $j = 1,\dots,n$ verschwinden. Man kann zeigen, daß für $\chi \in A$ diese Summenmomente für alle $j \in \mathbb{N}$ existieren. Zur Konstruktion von Kernen, deren Summenmomente bis zu einer gewissen Ordnung verschwinden, ist die folgende Bedin-

gung sehr nützlich:
Sei $\chi \in A$ ein KVAR. Dann sind für $n \in \mathbb{N}$ äquivalent

$$\text{(a)} \quad \sum_{k=-\infty}^{\infty} \chi(t-k)(t-k)^j = 0 \qquad \text{für } 1 \leq j \leq n,\ t \in \mathbb{R},$$

und

$$\text{(b)} \quad \hat{\chi}^{(j)}(2\pi k) = 0 \qquad \text{für } 1 \leq j \leq n,\ k \in \mathbb{Z}.$$

Erfüllt ein KVAR $\chi \in A$ für ein $n \in \mathbb{N}$ diese Bedingung, so ist

$$\|f - S_{\chi,\Omega} f\| = O(\frac{1}{\Omega^{n+1}}) \qquad \text{für } \Omega \to \infty$$

für alle (gleichmäßig) stetigen, beschränkten und $(n+1)$-mal stetig differenzierbaren Funktionen f.
(Ist zusätzlich $f^{(n+1)} \in \text{Lip}\ \alpha$, $0 < \alpha \leq 1$, so erhält man die verschärfte Abschätzung

$$\|f - S_{\chi,\Omega} f\| = O(\frac{1}{\Omega^{n+1+\alpha}}) \qquad (\Omega \to \infty).)$$

Erfüllt eine Funktion f obige Voraussetzungen auf einem Intervall $[t^*-\gamma, t^*+\gamma]$ und wächst f nicht stärker als ein Polynom, d.h. gibt es ein $q \in \mathbb{N}$ mit $|f(t) \leq k|t|^q$, so zeigen diese Kerne auch sehr gutes <u>lokales</u> Approximationsverhalten, denn es ist

$$|f(t^*) - S_{\chi,\Omega}(t^*)| = O(\frac{1}{\Omega^{n+1}}) \qquad \text{für } \Omega \to \infty.$$

Es ist noch zu bemerken, daß für <u>zeitbegrenzte</u> Kerne die zusätzliche Voraussetzung an das Wachstum von f entfällt.
Für zeitbegrenzte Kerne können jedoch nur endlich viele Summenmomente verschwinden. Das bedeutet, daß bei zeitbegrenzten Kernen immer *Saturation* eintritt, d.h. die Approximationsordnung ist begrenzt durch eine gewisse feste Ordnung. Sei N die größte natürliche Zahl, für die alle j-ten Summenmomente $(1 \leq j \leq N)$ des zeitbegrenzten Kerns χ verschwinden, und ist für eine auf einem Intervall I $(N+1)$-mal stetig differenzierbare und beschränkte Funktion f

$$|f(t) - S_{\chi,\Omega} f(t)| = O(\frac{1}{N+1}) \qquad \text{für } t \in I,\ \Omega \to \infty,$$

dann ist

$$f^{(N+1)}(t) = 0 \qquad \text{für } t \in I.$$

Das heißt aber, daß f ein Polynom N-ten Grades ist, falls $I = [a,b]$ bzw. daß f konstant ist, falls $I = \mathbb{R}$.
Somit können nur Funktionen aus einer gewissen "trivialen" Klasse besser

approximiert werden.

Kommen wir nun zu einigen für die Praxis interessanten Beispielen.

BEISPIEL

(6) Wieder erweisen sich die B-Splines als nützlich bei der Konstruktion von Kernen mit vorgegebenen Eigenschaften. Es sei

$$Z_n(t) := \frac{1}{2} \sum_{j=1}^{[\frac{n-1}{2}]} a_{jn}(B_n(t+j) + B_n(t-j)) \quad \text{für } t \in \mathbb{R}.$$

Dabei sind die $a_{jn} \in \mathbb{R}$ eindeutig als Lösungen des linearen Gleichungssystems

$$(-1)^k \sum_{j=0}^{[\frac{n-1}{2}]} j^k a_{jn} = b_{kn}(2k!),\ k = 0,1,\dots,[\tfrac{n-1}{2}]$$

gegeben. Die $b_{jn} \in \mathbb{R}$ *) sind die Koeffizienten der Potenzreihenentwicklung

$$\left(\frac{t/2}{\sin t/2}\right)^n = \sum_{j=0}^{\infty} b_{jn} t^{2j} \qquad \text{mit } n \geq 1,\ |t| < 2\pi.$$

Die Z_n $(n \geq 2)$ haben die folgenden angenehmen Eigenschaften:

- Z_n ist ein zeitbegrenzter KVAR mit Zeitgrenze $T = \frac{n}{2} + [\frac{n-1}{2}]$,
- die j-ten Summenmomente der Z_n verschwinden für $1 \leq j \leq n-1$, d.h. die Abtastreihe approximiert Funktionen bis zur Ordnung $O(\frac{1}{\Omega^n})$, $\Omega \to \infty$,
- die Z_n sind auf dem Computer leicht berechenbar, so daß die Rechenzeit zur Auswertung der $S_{Z_n,\Omega}f$ relativ kurz ist.

Die Kerne Z_n haben den Nachteil, daß sie nur (n-2)-mal stetig differenzierbar sind und daß die Approximationsordnung - wie bei allen zeitbegrenzten Kernen - durch Saturation beschränkt ist.

---

*) Die Hauptschwierigkeit bei der praktischen Berechnung solcher Kerne dürfte bisher die Berechnung der b_{jn} gewesen sein. Die Entwicklung von Potenzen trigonometrischer Funktionen in Potenzreihen ist nicht unproblematisch. Durch die Wiederentdeckung der sogenannten *Central Factorial Numbers* (CFN), vgl. [17], [22], ist es in jüngster Zeit gelungen, verschiedene Potenzen trigonometrischer Polynome in Potenzreihen zu entwickeln und die Koeffizienten in geschlossener Form durch CFN auszudrücken [2], [22], insbesondere auch die b_{jn}.

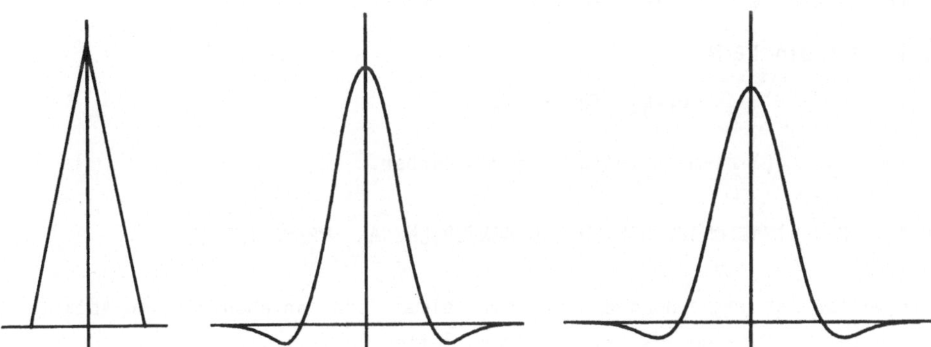

Bild 24.- Z_2, Z_3 und Z_4

Wie man Kerne konstruiert, die diese Nachteile nicht mehr haben, wollen wir uns im nächsten Beispiel ansehen. Diese Kerne können jedoch nicht zeitbegrenzt sein.

BEISPIEL

(7) Sei g eine unendlich oft differenzierbare Funktion mit

$$\operatorname{supp} g = [-2\pi, 2\pi], \; g \text{ gerade und } g(0) = 1.$$

Weiter sei

$$\chi(t) = \hat{g}(t) \quad , \quad t \in \mathbb{R},$$

und es sei eine Folge $(a_j)_{j\in\mathbb{N}} \in l^1$ gegeben.

Die Funktion

$$K(t) = \chi(t) + \chi(\tfrac{t}{2}) \sum_{j=1}^{\infty} a_j \cos(2j+1)\pi t, \; t \in \mathbb{R}$$

hat die folgenden Eigenschaften:

- K ist ein schnell abfallender KVAR,
- ist $g^{(r)}(0) = 0$ für $r \geq 1$, dann verschwinden auch sämtliche Summenmomente, d.h.

$$\sum_{k=-\infty}^{\infty} K(t-k)(t-k)^r = 0 \quad \text{für } r \geq 1,$$

und damit lassen sich beliebig hohe Approximationsordnungen erreichen.

- Ist $a_j = 0$, $j \geq j_0$ für ein $j_0 \in \mathbb{N}$, dann ist K bandbegrenzt.
- Ist für ein $l \in \mathbb{N}$

$$a_j = O(\frac{1}{j^l}) \quad \text{für } l \to \infty,$$

dann ist K $(l-2)$-mal stetig differenzierbar.

6.4.4 APPROXIMATIONSVERHALTEN UND KONVERGENZ AN SPRUNGSTELLEN

Wir wollen uns jetzt noch ein Beispiel eines Kerns ansehen, dessen Abtastreihe sowohl gute Approximationseigenschaften besitzt, als auch an Sprungstellen konvergiert.

BEISPIEL

(8) Wir definieren für $n \geq 2$

$$R_n(t) = \frac{1}{4} \sum_{i=0}^{m} a_{in} [B_n(t+\frac{n}{2}+m+i)+B_n(t-(\frac{n}{2}+m)+i)+B_n(t+\frac{n}{2}+m-i) + B_n(t-(\frac{n}{2}+m)-i)], \quad t \in \mathbb{R},$$

mit $m = [\frac{n-1}{2}]$.

Die $a_{in} \in \mathbb{R}$ sind dabei die eindeutigen Lösungen des Gleichungssystems

$$\frac{(-1)^j}{2} \sum_{i=0}^{m} a_{in} [(\frac{n}{2}+m+i)^{2j} + (\frac{n}{2}+m-i)^{2j}] = b_{jn}(2j)!, \quad j = 0,1,\dots,m,$$

wobei die b_{jn} wie in Beispiel (6) definiert sind.

Dann gilt

$$\sum_{k=-\infty}^{\infty} (t-k)^j R_n(t-k) = 0 \qquad \text{für } 1 \leq j \leq n-1, \; t \in \mathbb{R},$$

und die zugehörige Abtastreihe konvergiert in Sprungpunkten von stückweise stetigen und beschränkten Funktionen mit abzählbar unendlich vielen Sprungstellen.

Die Kerne R_n lassen sich darüber hinaus leicht auf Computern implementieren.

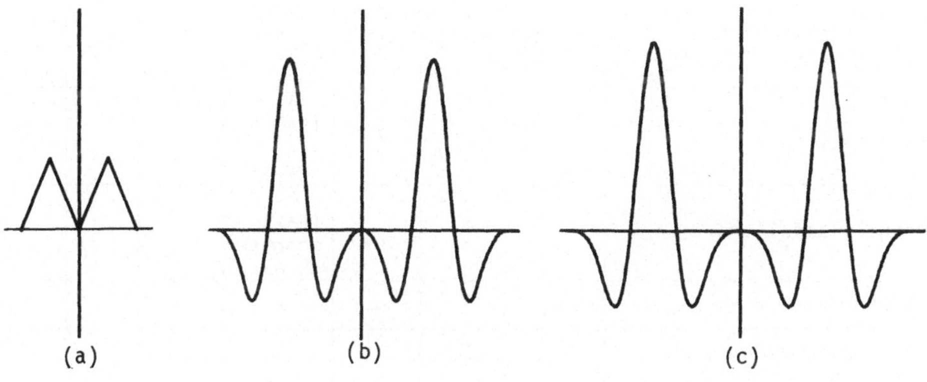

Bild 25.- (a) $R_2(t)$, (b) $R_3(t)$, (c) $R_4(t)$

Es ist möglich, Kerne zu konstruieren, die schnell abfallend sind, die gewünschte Konvergenzeigenschaft an Sprungstellen besitzen und bei denen darüber hinaus beliebig hohe Konvergenzordnungen möglich sind. Die numerische Berechnung dieser Kerne erfordert jedoch relativ großen Aufwand, so daß für praktische Anwendungen die im letzten Beispiel vorgestellten Kerne R_n wahrscheinlich nützlicher sind.

Wir haben in diesem Abschnitt einige Ideen vorgestellt, die zeigen, wie man klassische Abtastreihen verallgemeinern kann. Anhand konkreter Beispiele haben wir gezeigt, welche Eigenschaften Kerne verallgemeinerter Abtastreihen besitzen müssen, um gewisse "Güte"-Kriterien zu erfüllen.
Der Übersicht halber haben wir die Kerne und ihre Eigenschaften in der folgenden Tabelle noch einmal zusammengestellt.

Eigenschaften \ Kerne	$B_n(t)$	$G(t)$	$\overline{x}(t)$	$x_n(t)$	$Z_n(t)$	$K(t)$	$R_n(t)$
zeitbegrenzt	X		X	X (falls x zeitbegrenzt)	X		X
schnell abfallend		X		X (falls x schnell abfall.)		X	
bandbegrenzt		X					
gutes Approximationsverhalten		X			X	X	X
gute lokale Approximation					X	X	X
Konvergenz an Sprungstellen			X	X			X
keine Saturation						X	

6.5 ZEITFENSTER

In Abschnitt 6.2.1 wurde der Fehler untersucht, der im Zeitbereich beim Abschneiden der Abtastreihe entsteht. Den entsprechenden Fehler im Frequenzbereich wollen wir uns nun näher ansehen. Insbesondere wollen wir sehen, wie sich der Abschneidefehler bei einer Modifikation des "Zeitfensters" verändert.

Wir setzen von jetzt an M = N als fest vorgegeben voraus und schreiben die abgeschnittene Abtastreihe in der Form

$$(6.5.1)\qquad \sum_{k=-\infty}^{\infty} \varphi(\tfrac{k\pi}{\Omega}) \cdot f(\tfrac{k\pi}{\Omega}) \cdot \frac{\sin \Omega(t-\frac{k\pi}{\Omega})}{\Omega(t-\frac{k\pi}{\Omega})} ,$$

wobei φ eine beliebige Zeitfunktion ist mit

$$\varphi(\tfrac{k\pi}{\Omega}) = \begin{cases} 1 & \text{für } |k| \in \{0,1,\dots,N\} \\ 0 & \text{für } |k| \in \{N+1,N+2,\dots\} . \end{cases}$$

Die Reihe 6.5.1 kann leicht interpretiert werden, wenn $f \cdot \varphi$ eine durch Ω bandbegrenzte Funktion ist. In diesem Fall ist nämlich 6.5.1 die Abtastreihe von $f \cdot \varphi$, also

$$f(t)\cdot\varphi(t) = \sum_{k=-\infty}^{\infty} \varphi(\tfrac{k\pi}{\Omega})\cdot f(\tfrac{k\pi}{\Omega})\cdot \frac{\sin\Omega(t-\frac{k\pi}{\Omega})}{\Omega(t-\frac{k\pi}{\Omega})}.$$

Nach der Faltungsregel ist dann die Fouriertransformierte von 6.5.1 gegeben durch

(6.5.2) $\qquad \frac{1}{2\pi}\hat{f}(\omega) * \hat{\varphi}(\omega).$

Der Einführung des Zeitfensters φ entspricht demnach im Frequenzbereich die Faltung mit $\hat{\varphi}$.

Ist $f\cdot\varphi$ nicht durch Ω bandbegrenzt, und dies trifft bis auf einige Spezialfälle immer zu, so ist die Interpretation des Zeitfensters als Faltung nicht vollkommen korrekt. Ist die Anzahl der Abtastpunkte genügend groß, so beschreibt die Formel 6.5.2 dennoch recht gut den Abschneidefehler im Frequenzbereich. Insbesondere liefert sie Hinweise dafür, wie Zeitfenster geeignet modifiziert werden können.

Wir nehmen nun an, daß g eine gerade Funktion mit Träger in $[-1,1]$ ist (d.h. $g(t) = 0$ für $|t| > 1$). Dann beschreibt

$$\sum_{k=-\infty}^{\infty} g(\tfrac{k}{N})\cdot f(\tfrac{k\pi}{\Omega})\cdot \frac{\sin\Omega(t-\frac{k\pi}{\Omega})}{\Omega(t-\frac{k\pi}{\Omega})}$$

eine endliche Reihe, da die Terme für $|k| > N$ verschwinden. Ähnlich wie oben wird die Fouriertransformierte dieser Reihe approximiert durch

(6.5.3) $\qquad \frac{1}{2\pi}\cdot\frac{N\pi}{\Omega}\cdot\hat{g}(\frac{N\pi}{\Omega}\cdot\omega) * \hat{f}(\omega)$

(vgl. Rechenregel E 3). Eine strikte Gleichheit von $\hat{f}$ und der durch 6.5.3 beschriebenen Funktion ist nur gegeben für $\hat{g} = 2\pi\delta$, also $g \equiv 1$. Ein endliches Zeitfenster $g(\frac{k}{N})$, $k = -N,\dots,N$, wird daher (in einem nicht näher spezifizierten Sinn) umso genauer sein, je besser $\frac{N\pi}{\Omega}\cdot\hat{g}(\frac{N\pi}{\Omega}\cdot\omega)$ die δ-Funktion approximiert.

Die Optimierung des Zeitfensters führt uns damit zurück zu dem Problem, das in Abschnitt 5.2 erörtert wurde: eine Funktion g zu finden, die auf $[-1,1]$ zeitbegrenzt ist und deren Fouriertransformierte möglichst schnell abklingt. Für das in Formel 6.5.1 beschriebene Rechteckfenster kann z.B. gewählt werden:

$$g_R(t) = \begin{cases} 1 & \text{für } |t| \leq 1 \\ 0 & \text{für } |t| > 1. \end{cases}$$

Das Abklingverhalten im Frequenzbereich wird verbessert, wenn g_R durch eine stetige Funktion ersetzt wird, z.B. durch die "Dreiecksfunktion"

$$g_D(t) = \begin{cases} 1 - |t| & \text{für } |t| \leq 1 \\ 0 & \text{für } |t| > 1. \end{cases}$$

Eine weitere Verbesserung ist nach Abschnitt 5.2.4 zu erwarten bei Verwendung des Gaußfensters

$$g_G(t) = \begin{cases} \exp(-\alpha/2\ t^2) \ , & |t| \leq 1 \\ 0 & |t| > 1. \end{cases}$$

Die soeben beschriebenen Zeitfenster bilden nur einen kleinen Teil der praktisch erprobten und angewandten Fenster. Erwähnt werden soll hier lediglich noch das Kaiser-Bessel-Fenster, das auf den in Abschnitt 5.2.3 beschriebenen Sphäroidfunktionen beruht, die jedoch aus praktischen Gründen leicht abgewandelt wurden. Für eine vergleichende Darstellung der wichtigsten Zeitfenster (allerdings im Zusammenhang mit der diskreten Fouriertransformation) sei auf den Übersichtsartikel [6] verwiesen. Wir wollen uns hier auf wenige Aspekte beschränken.

Charakteristisch für das Abbildungsverhalten eines Zeitfensters $g(\frac{k}{N})$, $k = -N,\dots,N$, ist die Fouriertransformierte der bandbegrenzten Funktion

$$\Sigma\ g(\tfrac{k}{N}) \cdot \frac{\sin \Omega(t - \frac{k\pi}{\Omega})}{\Omega(t - \frac{k\pi}{\Omega})} \ .$$

Für die oben beschriebenen Fenster ist sie in Bild 26 dargestellt.

Um diese Zeitfenster miteinander zu vergleichen, sind verschiedene Gütekriterien denkbar.

Als Maß für die Approximation der δ-Funktion mag beispielsweise die relative Höhe von

$$\hat{g}(0) = \Sigma\ g(\tfrac{k}{N})$$

dienen. Weitere Kriterien sind Lage und Höhe des ersten Nebenmaximums und das Abklingverhalten für große ω. Wie differenziert die Frage nach der Güte eines Zeitfensters beantwortet werden muß, wollen wir an zwei kleinen Beispielen zeigen. Wie aus Bild 26 hervorgeht, ist das Abklingverhalten der Fouriertransformierten des Rechteckfensters für große ω schlechter als bei

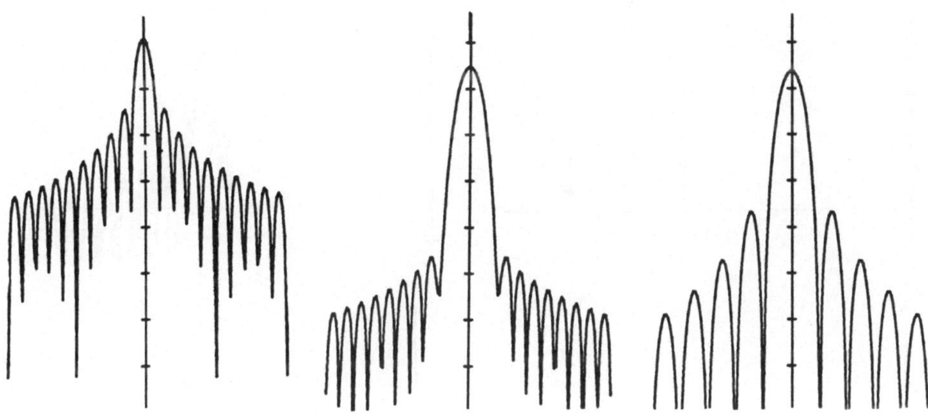

Bild 26.- (a) Rechteckfenster, (b) Dreiecksfenster, (c) Gaußfenster (logarithmischer Maßstab)

den übrigen Fenstern. Dagegen ist die *Halbwertsbreite*, also das Abklingverhalten für kleine ω, besser. Es ist daher zu erwarten, daß im vorliegenden Fall die spektrale Auflösung zweier benachbarter gleichstarker Anteile beim Rechteckfenster am größten ist. Dagegen wird eine schwache Sinusschwingung in der Nachbarschaft eines starken Anschlags vom Rechteckfenster am schlechtesten registriert. Die Ergebnisse sind in den Bildern 27 und 28 dargestellt.

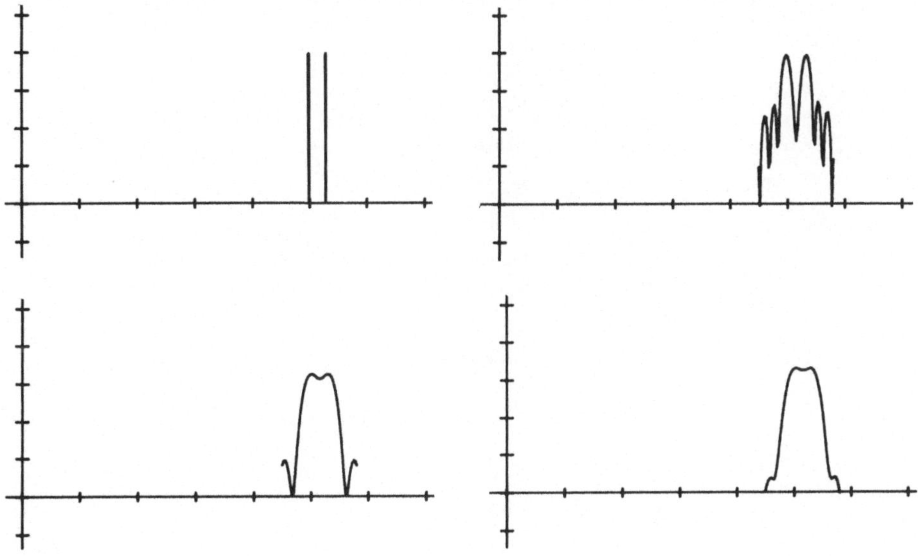

Bild 27.-

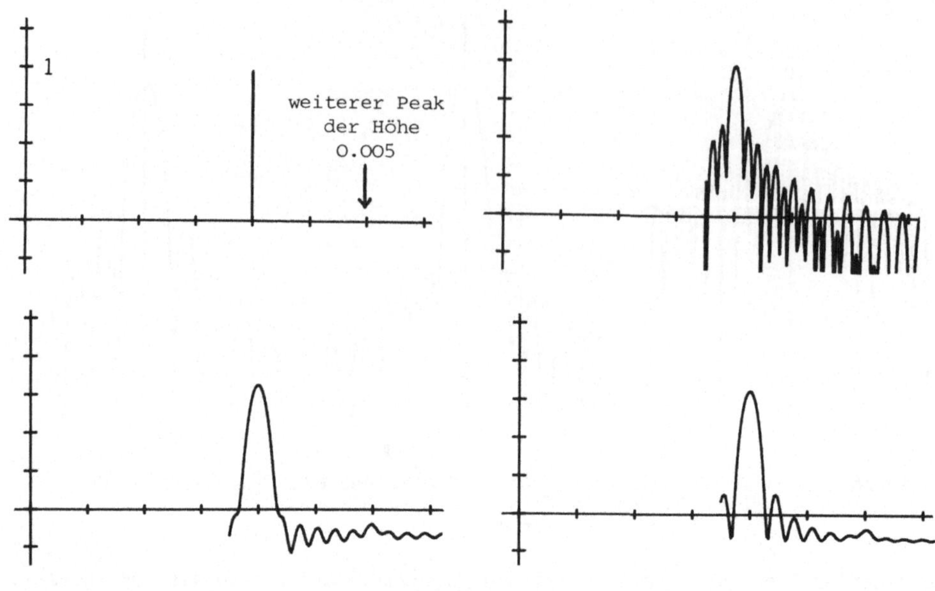

Bild 28.-

7. ENDLICHE DISKRETE FOURIERTRANSFORMATIONEN

In diesem Kapitel soll in die Grundlagen der modernen Diskreten Fouriertransformations-Verfahren eingeführt werden. Im Rahmen der heute fast ausschließlich eingesetzten Digitaltechnik hat der Begriff "diskret" im Grunde doppelte Bedeutung.

Zum einen werden alle betrachteten Funktions- (= Signal-) Werte nur mit endlicher Genauigkeit verarbeitet. Dieser Fragestellung wird dabei weniger Aufmerksamkeit gewidmet als der Tatsache, daß aufgrund der physikalischen Auslegung der Rechengeräte auch die Zeit- (= t-) Achse nur zu diskreten Zeitpunkten abgetastet wird.
Während in den vorigen Kapiteln noch mit möglicherweise unendlich vielen Abtastpunkten gearbeitet wurde, wollen wir in diesem Kapitel die - vor allem algebraischen - Grundlagen der Berechnung der Fouriertransformierten auf endlichen Zeit- und Frequenzabschnitten bereitstellen.

In den folgenden Kapiteln werden aus diesen Vorüberlegungen besonders schnelle Rechenverfahren für die DFT, die sogenannten FFT-Algorithmen, entwickelt. Zur Motivation und Rechtfertigung dieses Vorgehens vergleichen wir an einigen Beispielen vorab die Rechenzeiten, die bei der Verwendung von normalen DFT-Algorithmen bzw. bei der Berücksichtigung der beschleunigten FFT-Algorithmen entstehen.

Zahlenbeispiele für Gewinn durch FFT

DFT (konventionell)	FFT
m^2 komplexe Multiplikationen	$m \log m$ *) komplexe Multiplikationen

bei 100 ns pro $\mathbb{C}$-Multiplikation benötigt für die Transformation eines m×m-Bildes bei

*) $\log = {}_2\log$

a) <u>m = 2048</u> (hochaufgelöstes Bild):	
$m^2 = 4\cdot 10^6$ $\mathbb{C}$-Multiplikationen	$m \log m = 2{,}2\cdot 10^4$ $\mathbb{C}$-Multiplikationen
2048 Zeilen: $8{,}5\cdot 10^9$ Multiplikationen	$4{,}6\cdot 10^7$ Multiplikationen
dto. für 2048 Spalten:	
insgesamt $1{,}7\cdot 10^{10}$ Multiplikationen	10^8 Multiplikationen
≙ 30 min	≙ 9 sec
b) <u>m = 512</u> (üblich in der Tomographie):	
≙ 30 sec	≙ 0,5 sec

7.1 ENDLICHE ABTASTUNG VON SIGNALEN

In Analogie zur "diskreten Fouriertransformation" auf der reellen Zahlengeraden, die durch "Abtastung" an abzählbar vielen Stellen

$$t_k = k\cdot d \qquad (k\in \mathbb{Z})$$

berechnet wird (vgl. 6.1), machen wir für ein <u>zeitbegrenztes</u> Signal

$$F:\ \mathbb{R} \to \mathbb{R},$$

das nur im Intervall $[0,1)$ <u>nicht</u> verschwindet und dort mit der Funktion

$$f:\ [0,1) \to \mathbb{R}$$

identifiziert wird, die zusätzliche Annahme, F sei bis auf geringe Energieanteile - die beliebig klein gemacht werden können (vgl. dazu Abschnitt 6.3) - <u>bandbegrenzt</u> mit einer oberen Grenzfrequenz $\Omega = 2\pi W$. Diese Grenzfrequenz hängt natürlich von der Größe der vernachlässigbaren Energieanteile im Spektrum oberhalb von Ω ab.

Das Abtasttheorem (vgl. Abschnitt 6.1) besagt, daß es genügt, für eine ganze Zahl N mit $N > 2W$ die Funktion F an den Stellen $t_k = \frac{k}{N}$ $(k\in\mathbb{Z})$ abzutasten, um das Spektrum F zu berechnen und damit die Funktion F vollständig zu kennen. Mit anderen Worten, es gilt

(7.1.1) $$F(t) = \frac{1}{N} \sum_{n=-\infty}^{\infty} \hat{F}(n) e^{2\pi jnt} ,$$

wobei die Spektralkoeffizienten $\hat{F}(n)$ durch

(7.1.2) $$\hat{F}(n) = \sum_{k=-\infty}^{\infty} F(\tfrac{k}{N}) e^{-\frac{2\pi jkn}{N}}$$

bestimmt sind. Wir schränken uns nun darauf ein, das eigentliche Signal f, das ja nur im Zeitbereich [0,1) definiert war, zu betrachten.

ÜBUNGEN

1. Man betrachte die abgeschnittene Sinuswelle sin $4\pi t$ in [0,1). Wie sollte man abtasten?

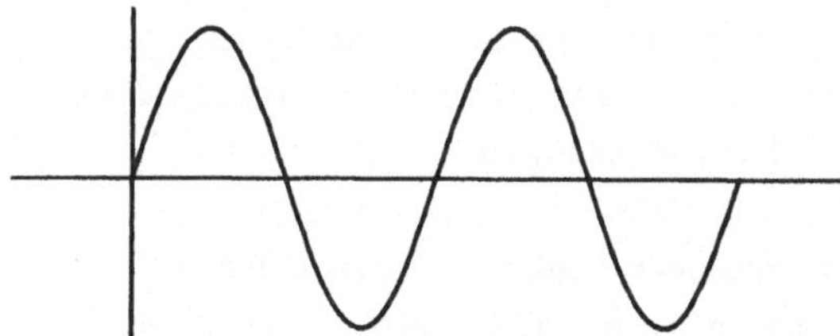

Bild 29.-

2. Vergleichen Sie den abgeschnittenen Sägezahn mit der Sägezahnwelle in Abschnitt 4.3 und stellen Sie eine vernünftige Abtastfrequenz fest.

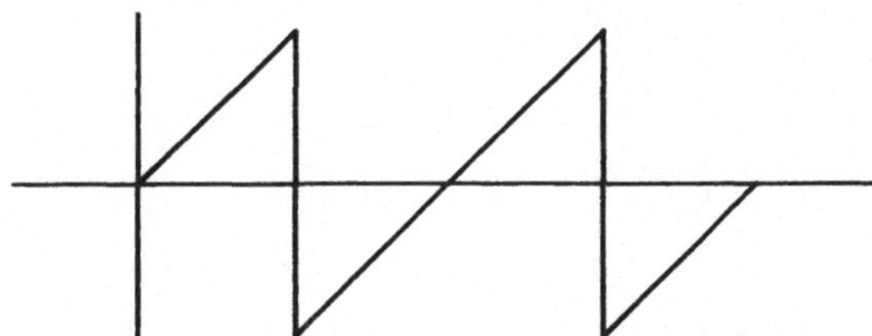

Bild 30.-

Die oben gemachte Bemerkung besagt, daß auch f durch die Funktionswerte an den Stellen t_k eindeutig bestimmt ist; d.h. die Werte

$$f(\tfrac{0}{N}),\ldots,f(\tfrac{N-1}{N})$$

bestimmen f völlig, da wegen der Zeitbegrenztheit die Beziehung

(7.1.3) $$\begin{aligned} F(\tfrac{k}{N}) &= f(\tfrac{k}{N}) && \text{für } k \in [0:N-1] \\ F(\tfrac{k}{N}) &= 0 && \text{für } k < 0,\ N \le k \end{aligned}$$

gilt.

7.2 ÜBERLEITUNG ZUR ENDLICHEN DISKRETEN FOURIERTRANSFORMATION

Für Signale, wie sie in 7.1 beschrieben wurden,

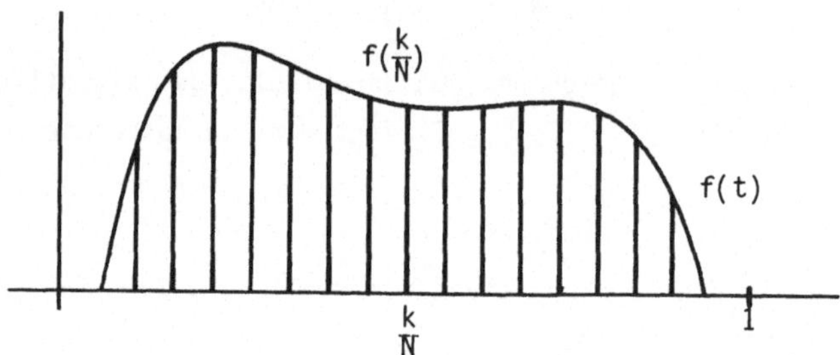

Bild 31.-

können also zur Weiterverarbeitung die *Signalfolgen* $\underline{f} = (f(\frac{0}{N}),\ldots,f(\frac{N-1}{N}))$ benutzt werden. Dies ist die wesentliche Voraussetzung zur Verarbeitung der Daten in einer digitalen Rechenanlage.

Die Fouriertransformierte der Funktion f zeigt aufgrund der Form von f periodisches Verhalten, d.h. es gelten die Gleichheiten

$$\hat{F}(m\cdot N+n) = \hat{F}(n)$$

für alle $m \in \mathbb{Z}$ und $n \in [0: N-1]$, weil

$$\begin{aligned}
\hat{F}(m\cdot N+n) &= \sum_k F(\tfrac{k}{N})e^{-\frac{2\pi j(m\cdot N+n)k}{N}} \\
&= \sum_k F(\tfrac{k}{N})e^{-\frac{2\pi j\cdot m\cdot N\cdot k}{N}} \cdot e^{-\frac{2\pi j\cdot k\cdot n}{N}} \\
&= \sum_k F(\tfrac{k}{N})e^{-\frac{2\pi jk\cdot n}{N}} \\
&= \hat{F}(n).
\end{aligned}$$

Aus dieser Beobachtung folgt, daß $\hat{F}$ ebenfalls schon durch die N Spektralkoeffizienten

$$\hat{F}(0),\ldots,\hat{F}(N-1)$$

vollständig bestimmt ist. Da es sich genaugenommen um die Spektralkoeffizienten der Funktion f handelt, schreiben wir $\hat{f}(i)$ statt $\hat{F}(i)$ für

$i \in [0: N-1]$. Daher bezeichnet man den Vektor

$$\hat{\underline{f}} = (\hat{f}(0),\ldots,\hat{f}(N-1)) \in \mathbb{C}^N$$

als die *endliche diskrete Fouriertransformierte* (oder als das *endliche diskrete Spektrum*) *des Signalvektors* $\underline{f} = (f(\frac{0}{N}),\ldots,f(\frac{N-1}{N})) \in \mathbb{R}^N$. Nach (7.1.2) berechnen sich für $l \in [0: N-1]$ die Werte $f(l)$ wegen (7.1.3) durch die endliche Summe

(7.2.1) $$\hat{f}(l) = \sum_{k=0}^{N-1} f(\tfrac{k}{N}) e^{-2\pi j \frac{k \cdot l}{N}}.$$

Da (7.2.1) offensichtlich eine lineare Transformation beschreibt, die den Vektor $\underline{f}$ in den Vektor $\hat{\underline{f}}$ überführt, liegt es nahe, die zugehörige Transformationsmatrix für diese Zuordnung $\underline{f} \to \hat{\underline{f}}$ zu bestimmen.

Wir formulieren daher die Gleichungen (7.2.1) als Matrixgleichung

(7.2.2) $$\hat{\underline{f}} = \underline{f} \cdot A_N$$

mit

$$A_N = \left(e^{-2\pi j \frac{k \cdot l}{N}} \right)_{k,l \in [0: N-1]}.$$

Dies liefert die Transformationsmatrix A_N der endlichen diskreten Fouriertransformation, die auch als *N-te Fouriermatrix* bezeichnet wird.
Die Abbildung des $\mathbb{C}^N$ in sich, die durch die Matrix A_N vermittelt wird, wird auch mit DFT_N (Diskrete Fouriertransformation der Ordnung N) bezeichnet. Die Bezeichnung DFT ist noch üblicher, wenn die Anzahl N der Abtastpunkte festliegt.

9.3 BEISPIELE

Zur Veranschaulichung betrachten wir die DFT_N für kleine Werte von N.

(1) N = 4:

$$A_4 = \begin{pmatrix} 1 & 1 & 1 & 1 \\ 1 & -j & -1 & j \\ 1 & -1 & 1 & -1 \\ 1 & j & -1 & -j \end{pmatrix}$$

Denn: $e^{-\frac{2\pi j}{4}} = -j,\quad e^{-\frac{2\pi j\cdot 2}{4}} = -1$

$$e^{-\frac{2\pi j\cdot 3}{4}} = j,\quad e^{-\frac{2\pi j\cdot 4}{4}} = e^{-\frac{2\pi j\cdot 0}{4}} = 1$$

d.h. die Werte $e^{-\frac{2\pi j\cdot a}{4}}$, $a = 1,2,3,4$ beschreiben eine "Viertelstunden"-Kreisbewegung in der $\mathbb{C}$-Ebene.

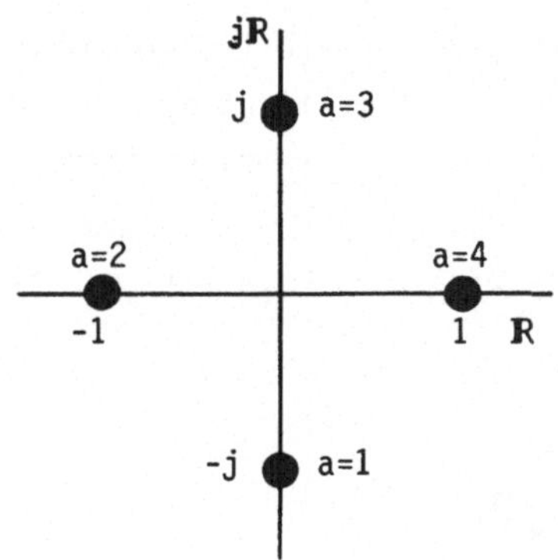

Bild 32.-

(2) N = 6:

Die "Elementardrehung", deren 6-te Wiederholung erst wieder auf den Ausgangspunkt zurückführen soll, ist in diesem Fall eine "Zehn-Minuten"-Kreisbewegung: Die "Elementardrehung um 60°" wird durch die komplexe 6-te Einheitswurzel $\Theta = e^{-\frac{2\pi j}{6}}$ beschrieben.

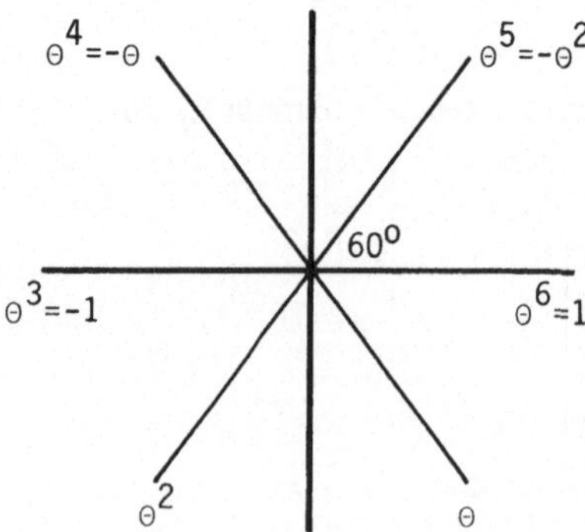

Bild 33.-

Im Rechner wird die Zahl Θ durch

$$\mathrm{Re}(\Theta) = -\frac{1}{2} \cdot \text{ und } \quad \mathrm{Im}(\Theta) = \frac{1}{2}\sqrt{3}$$

dargestellt, wobei die Genauigkeit der Darstellung von $\sqrt{3}$ die Genauigkeit der Weiterverarbeitung bestimmt.

Die Fouriermatrix hat die Form

$$A_6 = \begin{pmatrix} 1 & 1 & 1 & 1 & 1 & 1 \\ 1 & \Theta & \Theta^2 & \Theta^3 & \Theta^4 & \Theta^5 \\ 1 & \Theta^2 & \Theta^4 & 1 & \Theta^2 & \Theta^4 \\ 1 & \Theta^3 & 1 & \Theta^3 & 1 & \Theta^3 \\ 1 & \Theta^4 & \Theta^2 & 1 & \Theta^4 & \Theta^2 \\ 1 & \Theta^5 & \Theta^4 & \Theta^3 & \Theta^2 & \Theta \end{pmatrix}$$

ÜBUNGEN

(1) Überzeugen Sie sich, daß die Matrizen A_N wirklich die Form

$$\left(e^{-\frac{2\pi jk \cdot l}{N}} \right)_{k,l}$$

haben.

(2) Beschreiben Sie das periodische Verhalten der Drehung nur durch geeignetes Rechnen im Exponenten.

7.4 EIGENSCHAFTEN DER DFT

Ziel dieses Abschnitts ist es, die Übereinstimmung der Eigenschaften der endlichen diskreten Fouriertransformation DFT mit den in Kapitel 2 bzw. Kapitel 4 hergeleiteten Eigenschaften der üblichen Fouriertransformation von Funktionen bzw. Distributionen aufzuzeigen.

Die wesentlichen Eigenschaften, die für jeden Anwender die Bedeutung der Fouriertransformation charakterisieren, sind die
- Inversionseigenschaft (vgl. 2.1 bzw. 4.1), die
- Faltungseigenschaft (vgl. 2.2 bzw. 4.2) und die
- Phasenverschiebungseigenschaft (vgl. 2.2 bzw. 4.2)

sowie Konsequenzen aus diesen drei Eigenschaften, die sich bei Aufgaben wie Leistungsmessung etc. als hilfreich erweisen.

Inversion

Wir kommen zunächst zur Inversionseigenschaft, die die praktische Forderung, auch Spektralvektoren in zugehörige Signalvektoren umrechnen zu können, erfüllt.

Inversionseigenschaft

Die Inverse der DFT-Matrix A_N hat die Form

$$A_N^{-1} = \frac{1}{N}\left(e^{+\frac{2\pi jk\cdot l}{N}}\right)_{k,l\in[0:\,N-1]}.$$

Wie kann man diese Behauptung beweisen?

Entweder durch Erinnerung an die Formel (7.2.2) - dort steht gerade

$$\underline{f} = \hat{\underline{f}}\cdot A_N^{-1}$$

in anderer Form - oder durch Ausrechnen des Produkts

$$B_N = A_N\cdot A_N^{-1} = \frac{1}{N}\left(e^{-\frac{2\pi jk\cdot l}{N}}\right)_{k,l}\left(e^{+\frac{2\pi jl\cdot m}{N}}\right)_{l,m}.$$

An der Stelle (k,m) von B_N steht

$$\frac{1}{N}\circ\sum_{l=0}^{N-1} e^{-\frac{2\pi jk\cdot l}{N}}\, e^{+\frac{2\pi jl\cdot m}{N}} = \frac{1}{N}\cdot\sum_{l=0}^{N-1} e^{\frac{2\pi jl\cdot(m-k)}{N}}.$$

Falls also $k=m$ ist, dann liefert die Summe N-mal den Wert 1. Also stehen in der Diagonale von B_N nur Einsen.

Interessanter ist es, falls $k \neq m$ ist: In diesem Fall setzen wir $n := m-k$.

Dann beschreibt

$$\sum_{l=0}^{N-1} e^{\frac{2\pi jn\cdot l}{N}} = \sum_{l=0}^{N-1}\left(e^{\frac{2\pi jn}{N}}\right)^{l}$$

für

$$\xi = e^{\frac{2\pi jn}{N}}$$

die Summe der Vektoren

$$1 = \xi^{o}, \xi, \xi^{2}, \ldots, \xi^{N-1}.$$

Diese Vektoren - aneinandergehängt - formen einen Streckenzug (Polygon), der von Null ausgeht und bei Null endet, wie etwa das Beispiel N = 6 zeigt:

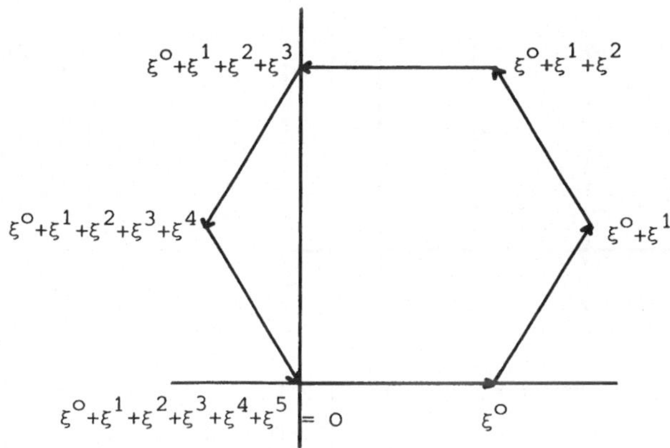

Bild 34.-

Dies zum Beweis der Inversionseigenschaft.

ÜBUNG

(1) $A_4^{-1} = ?$

(2) $A_6^{-1} = ?$

Filtern, Falten

In den meisten Anwendungen wird die DFT zum Zwecke des Filterns eingesetzt. Wie üblich werden lineare Filter als Faltungsintegrale (vgl. Abschnitt 1.2) aufgefaßt. Im Rahmen der digitalen Verarbeitung werden aus den Faltungsintegralen

$$h(t) = (f * g)(t) = \int_{-\infty}^{\infty} f(\tau)g(t-\tau)\, d\tau$$

die Faltungssummen

$$h(\tfrac{k}{N}) = (f * g)(\tfrac{k}{N}) = \sum_{i=-\infty}^{\infty} f(\tfrac{i}{N})\cdot g(\tfrac{k-i}{N}) = \sum_{i=0}^{N-1} f(\tfrac{i}{N})\cdot g(\tfrac{k-i}{N}),$$

da nach Voraussetzung f außerhalb von [0,1) verschwindet.

BEISPIEL

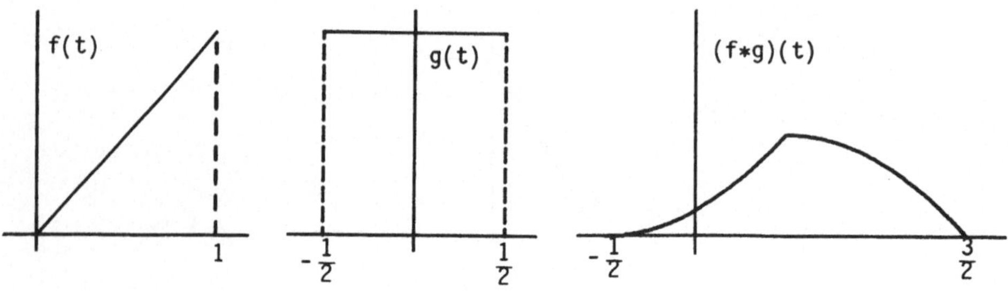

Bild 35.-

Das Beispiel macht klar, daß die "Breite" des Signals f (gleich 1) bei der Faltung um die "Breite" des Faltungskernes g zunimmt. Um also den gewünschten Filtereffekt, wie etwa die im obigen Bild gezeigte Glättung, ganz innerhalb des betrachteten Zeitintervalls "sehen" zu können, müssen wir, auch um Überlappungen zu vermeiden, annehmen, daß das gefaltete Signal ganz im Intervall [0,1) liegt. Das verlangt aber von der Funktion f und g, daß deren Träger

$$\text{supp}(f) \quad \text{und} \quad \text{supp}(g)$$

nebeneinander im Intervall [0,1) "Platz finden".

Die aus dieser Forderung sich ergebenden Dimensionierungsfragen für die Implementierung solcher Filter sollen später im Einzelfalle besprochen und erläutert werden.
Unter diesen Bedingungen gilt also auch

$$h(\tfrac{k}{N}) = 0, \text{ falls } k < 0 \text{ oder } k \geq \mathbb{N}.$$

Damit kann auch auf $\underline{h}$ die DFT angewandt werden.

Während sich also im Signalbereich Faltungen

$$h = f * g$$

nach der Formel

$$h(\tfrac{k}{N}) = \sum_{i=0}^{N-1} f(\tfrac{i}{N})g(\tfrac{k-i}{N})$$

berechnen, kann die gleiche Faltung durch Übergang zum Spektralbereich durch die Formel

$$\hat{h}(k) = \hat{f}(k) \cdot \hat{g}(k)$$

beschrieben werden.

Die *Faltungseigenschaft* kann in knapper Form also durch

$$\widehat{\underline{f} * \underline{g}} = \underline{\hat{f}} \cdot \underline{\hat{g}}$$

beschrieben werden.

Dabei bedeutet $\underline{\hat{f}} \cdot \underline{\hat{g}}$ die koordinatenweise Multiplikation, also

$$\underline{\hat{f}} \cdot \underline{\hat{g}} = (\hat{f}(0) \cdot \hat{g}(0), \ldots, \hat{f}(N-1) \cdot \hat{g}(N-1)).$$

Zum Beweis (vgl. auch 2.2 bzw. 4.2) berechne man

$$\begin{aligned}
\widehat{\underline{f} * \underline{g}}(k) &= \sum_{l=0}^{N-1} (f * g)(l) \cdot e^{-\frac{2\pi jk \cdot l}{N}} \\
&= \sum_{l=0}^{N-1} \sum_{r=0}^{N-1} f\left(\frac{r}{N}\right) g\left(\frac{l-r}{N}\right) \cdot e^{-\frac{2\pi jk \cdot l}{N}} \\
&= \sum_{r=0}^{N-1} f\left(\frac{r}{N}\right) \cdot e^{-\frac{2\pi j \cdot k \cdot r}{N}} \sum_{l=0}^{N-1} g\left(\frac{l-r}{N}\right) \cdot e^{-\frac{2\pi j \cdot k(l-r)}{N}} .
\end{aligned}$$

Die rechte Summe, die für jedes r berechnet wird, trägt nur dann etwas zum Gesamtausdruck bei, wenn der Signalwert $f(\frac{r}{N})$ von Null verschieden ist.

Ein Blick auf die folgende Abbildung

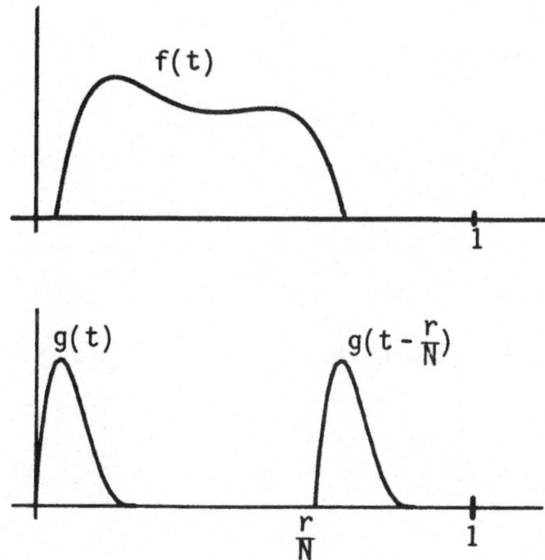

Bild 36.-

zeigt dann aber wegen der für die "Breite" der Funktionen f und g gemachten Annahme, daß - falls $f(\frac{r}{N}) \neq 0$ - der Träger der Funktion $g(t-\frac{r}{N})$ völlig im Intervall [0,1) liegt.

Damit hat die Summe

$$\sum_{l=0}^{N-1} g(\frac{l-r}{N}) \cdot e^{-\frac{2\pi j \cdot k \cdot (l-r)}{N}}$$

den gleichen Wert wie die Summe

$$\hat{\underline{g}}(k) = \sum_{l=0}^{N-1} g(\frac{l}{N}) \cdot e^{-\frac{2\pi j \cdot k \cdot l}{N}} .$$

Also gilt

$$\widehat{\underline{f * g}}(k) = \sum_{r=0}^{N-1} f(\frac{r}{N}) \cdot e^{-\frac{2\pi j \cdot k \cdot l}{N}} \cdot (\hat{\underline{g}}(k))$$

$$= \hat{\underline{f}}(k) \cdot \hat{\underline{g}}(k).$$

Damit ist die Faltungseigenschaft bewiesen.

Wie wendet man diese Eigenschaften gewinnbringend an?

Lineare Filter (Hochpaß, Tiefpaß etc.) werden durch Faltungskerne realisiert. Der Rechenaufwand nach der Faltungsformel im Signalbereich beträgt offensichtlich ca. N^2 Multiplikationen.

Gibt es nun einen billigeren Weg

$$\text{Signal} \xrightarrow{\text{DFT}} \text{Spektrum},$$

so kann die Faltung

$$\begin{array}{c} \text{Signal} \\ \downarrow * g \\ \text{Signal} \end{array}$$

mit N Multiplikationen im Spektralbereich

$$\begin{array}{c} \text{Spektrum} \\ \downarrow \cdot \hat{g} \\ \text{Spektrum} \end{array}$$

wesentlich schneller durchgeführt werden, wenn auch die Inverse DFT

$$\text{Signal} \xleftarrow{\text{IDFT}} \text{Spektrum}$$

leicht durchzuführen ist. Mit anderen Worten:
Es könnte der "Umweg"

$$\begin{array}{ccc} \text{Signal} & \xrightarrow{\text{DFT}} & \text{Spektrum} \\ & & \downarrow \cdot\hat{g} \\ \text{Signal} & \xleftarrow{\text{IDFT}} & \text{Spektrum} \end{array}$$

günstiger sein als der direkte Weg. Dies wird in den folgenden Kapiteln belegt werden.

Phasenverschiebung

Die dritte Eigenschaft der Fouriertransformation, die sogenannte Phasenverschiebungseigenschaft, ist bereits für Funktionen bzw. für Distributionen und ihre Transformierten gezeigt worden. Es gilt bekanntlich für zeitlich verschobene Signale f_{t_o} die Beziehung

$$(f_{t_o})^\wedge(\nu) = \hat{f}(\nu)\cdot e^{-2\pi j t_o \nu}$$

(statt ω benutzen wir jetzt $\nu = \frac{\omega}{2\pi}$).
Diese Eigenschaft gilt auch für die DFT.

Die Phasenverschiebungseigenschaft

Die Funktion f(t) werde im Intervall [0,1) um $\frac{r}{N}$ nach rechts verschoben, so daß der Träger von $f_{\frac{r}{N}}(t) = f(t-\frac{r}{N})$ noch ganz in [0,1) liegt. Dann gilt:

$$\hat{\underline{f}}_{\frac{r}{N}}(k) = \hat{\underline{f}}(k)\cdot e^{-2\pi j\,\frac{k\cdot r}{N}}.$$

Denn:

$$\hat{\underline{f}}_{\frac{r}{N}}(k) = \sum_{l=0}^{N-1} f\left(\frac{l-r}{N}\right)\cdot e^{-\frac{2\pi j\cdot l\cdot k}{N}}$$

$$= \sum_{l=0}^{N-1} f\left(\frac{l}{N}\right)\cdot e^{-\frac{2\pi j\cdot(l+r)\cdot k}{N}}$$

$$= e^{-\frac{2\pi j \cdot r \cdot k}{N}} \cdot \sum_{l=0}^{N-1} f(\tfrac{l}{N}) \cdot e^{-\frac{2\pi j \cdot l \cdot k}{N}}$$

$$= e^{-\frac{2\pi j \cdot r \cdot k}{N}} \cdot \hat{\underline{f}}(k).$$

Was bedeutet dies?

Die Phasenverschiebungseigenschaft wird zum Beispiel in der Signalverarbeitung dort eingesetzt, wo Leistungsspektren zur Signalschätzung benötigt werden.
Die Spektren zeitverschobener Signale unterscheiden sich nur um komplexe Einheitswurzeln, wie wir gezeigt haben.
Bei der Leistungsmessung, die ja nur mit dem Betragsquadrat arbeitet, treten diese Faktoren also nicht auf. Damit hat man eine Möglichkeit, ein Signal unabhängig von der Phase zu kennzeichnen.

Eine andere Anwendung dieser Eigenschaft ergibt sich entsprechend in der Mustererkennung, wo durch Betragsbildung im Spektralbereich lageinvariante Merkmale (z.B. für Belegleser oder in der Spracherkennung) extrahiert werden müssen.

ÜBUNG

Man berechne

(a) die DFT eines δ-Impulses.

(b) die DFT eines zeitverschobenen δ-Impulses.

8. EINIGE GRUNDLAGEN AUS DER ELEMENTAREN ALGEBRA

In diesem Kapitel soll am Beispiel der Eigenschaften der DFT_N auf einige Tatsachen aus der elementaren Algebra hingearbeitet werden, die die Voraussetzungen zum Entwurf der gewünschten schnellen Algorithmen FFT liefern.

8.1 PHASENVERSCHIEBUNG - ALGEBRAISCH GESEHEN

Beim Lösen der letzten Obungsaufgabe wurde klar, daß sich die Einheitswurzeln $\hat{f}(k) = \xi^k$ verhalten wie *zyklisch* umlaufende Zeiger, die mit jedem Schritt um den Winkel $\frac{2\pi}{N}$ weitergedreht werden. Dabei werden die Winkelstellungen

$$0, \frac{2\pi}{N}, \frac{2\pi \cdot 2}{N}, \frac{2\pi \cdot 3}{N}, \ldots, \frac{2\pi \cdot (N-1)}{N}$$

durchlaufen, und nach N Schritten stimmt der Winkel $\frac{2\pi N}{N}$ wieder mit der Ausgangsstellung 0 überein und von dort an wiederholt sich alles periodisch. Schreibt man nur die für diesen Vorgang wichtigen Zahlen (Zeittakte) $0,1,\ldots,N-1$ auf, so heißt die obige Überlegung nicht mehr als daß wir bei der Betrachtung dieser zyklischen "Uhr" den Zeitpunkt

- 0 mit dem Zeitpunkt N
- 1 mit dem Zeitpunkt N+1
- k mit dem Zeitpunkt N+k

und allgemein den Zeitpunkt

k mit allen Zeitpunkten $k+lN$

identifizieren müssen.
Für dieses Phänomen haben die Mathematiker eine Schreibweise entwickelt, mit deren Hilfe man auch rechnen kann: Man sagt *k und k' seien kongruent modulo N*, in Zeichen

$$k \equiv k' \bmod N,$$

wenn k und k' sich um ein Vielfaches von N unterscheiden, - mit anderen Worten, wenn die Differenz

$$k - k'$$

durch die Zahl N geteilt werden kann.
Diese Einteilung der Menge der ganzen Zahlen führt auf das folgende Muster:

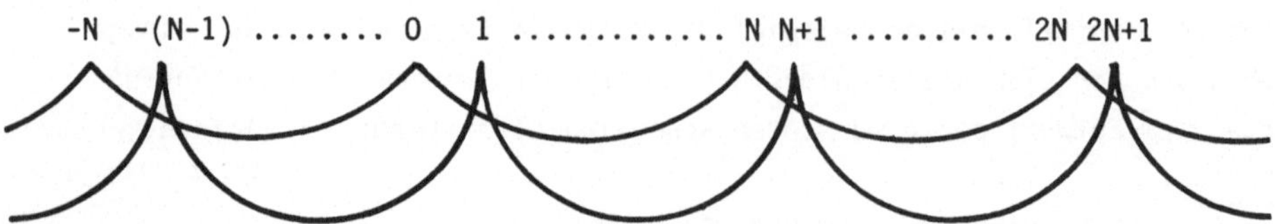

Bild 37.-

Verschiedene Zahlen k,k' sind in diesem Muster durch eine Folge von (gleichartigen) Bögen verbunden, wenn sie die Bedingung

$$k \equiv k' \bmod N$$

erfüllen. Die graphische Darstellung zeigt, daß die Menge $\mathbb{Z}$ in Klassen mod N-kongruenter Zahlen zerlegt wird. Diese Klassen sind durch ihre relativen Verschiebungen gegenüber dem 0-Punkt (und damit auch gegenüber der 0-Klasse $\bar{0} = \{\ldots,-N,0,N,2N,\ldots\}$) eindeutig gekennzeichnet. Daher bezeichnet man die zu diesen Klassen $\bar{k} = \bar{0} + k$ gehörigen relativen Verschiebungen k als *Repräsentanten* dieser Klasse. Es gibt offensichtlich N verschiedene Klassen mit den resp. Repräsentanten 0,1,...,N-1. Diese Repräsentanten entstehen rechnerisch durch *Restbildung* wie folgt:

Für eine Zahl $l \in \mathbb{Z}$ wird die *Restklasse* $\bar{l} = \bar{0} + l'$ mittels eines Repräsentanten $l' \in [0: N-1]$ bestimmt, indem man l mit Rest durch N teilt. Dies geschieht nach dem *Euklid'schen Algorithmus*

$$l = p \cdot N + l', \quad 0 \leq l' \leq N-1.$$

Wir unterscheiden daher nicht mehr zwischen den Begriffen "Restklassensystem" und "Repräsentantensystem" mod N. Gemeint ist damit die Menge

$$\mathbb{Z}_N = [0: N-1],$$

in der mod N "gerechnet" werden kann. Dies wird nun an Beispielen erläutert.

ÜBUNG

(1) Wie bestimmt man die Reste von

3857 mod 3
3857 mod 13
3857 mod 15.

(2) Man kann die Restklassen mod N auch als Phasenverschiebungen kennzeichnen:

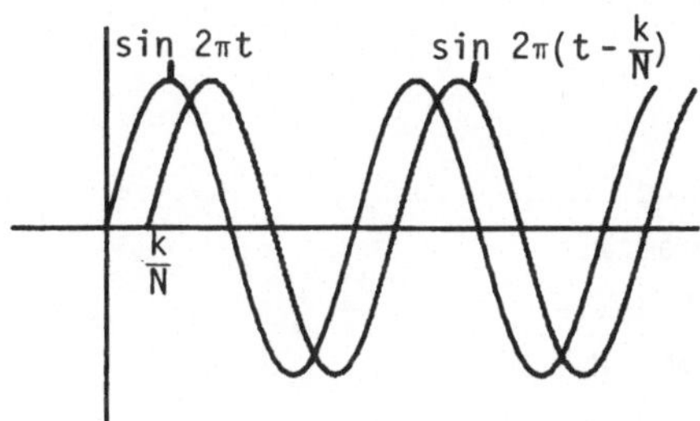

Bild 38.-

Die Restklassen sind die Punkte mit gleicher Kennzeichnung. Nach k = N Verschiebungen sieht das Signal wieder wie die ursprüngliche Sinusschwingung aus. Das Bild zeigt, daß wir nun aber auch mit den Restklassenvertretern rechnen können. Die Vorstellung von Phasenverschiebungen hilft dabei:

Die Restklasse k (Phasenverschiebung um $\frac{k}{N}$) wird zur Restklasse l (Phasenverschiebung um $\frac{l}{N}$) addiert, indem beide Phasenverschiebungen zusammenaddiert werden, also Phasenverschiebung

$$\frac{l+k}{N}\,.$$

Falls nun $l+k>N$ sein sollte, so *reduziert* man diesen Ausdruck auf den Ausdruck

$$\overline{l+k} \equiv l+k \mod N,$$

indem man so lange Vielfache von N subtrahiert, bis $\overline{l+k}$ in [0: N-1] liegt.

BEISPIEL

Mit einem Blick auf die Uhr rechnen wir mod 12.

$$1+1 \equiv 2 \mod 12$$
$$9+2 \equiv 11 \mod 12$$
$$9+3 \equiv 0 \mod 12$$
$$9+4 \equiv 1 \mod 12.$$

Man kann aber auch "rückwärts" schieben. Die Phasenverschiebung k-l wirkt wie die Verschiebung um k Einheiten nach rechts und dann um l Einheiten nach links. Das ergibt insgesamt die Phasenverschiebung

$$\overline{k-l} \equiv k-l \mod N$$

mit

$$\overline{k-l} \text{ in } [0: N-1].$$

BEISPIEL: N = 12

$$1-1 \equiv 0 \mod 12$$
$$1-2 \equiv 11 \mod 12$$
$$2-1 \equiv 1 \mod 12$$
$$9-3 \equiv 6 \mod 12$$
$$3-9 \equiv 6 \mod 12$$
$$7-4 \equiv 3 \mod 12$$
$$4-7 \equiv 9 \mod 12$$

ÜBUNG

(1) Man gebe eine Additions- (bzw. Subtraktions-) Tabelle für N = 5 an.

(2) Man schreibe ein einfaches Programm
a) um die Additionen mod 15
b) um die Subtraktionen mod 15
berechnen zu können.

8.2 RESTKLASSENARITHMETIK MOD N

Nachdem wir gelernt haben, wie man in konkreten Fällen modulo N addieren und subtrahieren kann, fassen wir diese Rechenregeln für allgemeine Restklassenbereiche mod N zusammen. Wir bezeichnen diese Bereiche von nun an mit $\mathbb{Z}_N$ und meinen damit das ganzzahlige Intervall [0: N-1], auf dem addiert und subtrahiert wird wie oben erläutert: man addiert (subtrahiert) die ganzen Zahlen $k,l \in [0: N-1]$ als ganze Zahlen und reduziert das Ergebnis mod N. Das gleiche Prinzip kann nun auch für eine Multiplikation in $\mathbb{Z}_N$ übernommen werden. Denn die zur DFT gehörende Matrix

$$A_N = \left(e^{-\frac{2\pi j k \cdot l}{N}} \right)_{k,l \in [0:N-1]}$$

wird ja gerade gebildet, indem - im wesentlichen - die Exponenten k und l miteinander multipliziert werden. Da aber auch bei diesem Rechenvorgang nur die Restklasse interessiert, welcher die Zahl $k \cdot l$ angehört, ordnet man ihr den Repräsentanten

$$\overline{k \cdot l} \equiv k \cdot l \mod N$$

$$\overline{k \cdot l} \in [0: N-1]$$

zu.

ÜBUNG

(1) Man nehme die bereits berechnete Matrix A_4 und vergleiche sie mit einer Multiplikationstabelle für $\mathbb{Z}_4$.

(2) Man bearbeite die gleiche Aufgabe für N = 6.

8.3 DIE STRUKTUR VON $\mathbb{Z}_N$ UND IHRE AUSWIRKUNGEN AUF DIE DFT_N

Die meisten der ins Auge gefaßten schnellen Berechnungsverfahren für die DFT basieren auf der Tatsache, daß die Bereiche $\mathbb{Z}_N$ in Teile ähnlicher Struktur aufgelöst werden können, über denen die DFT (mit beachtlichen Rechenzeitgewinnen) leicht aus ähnlichen Teilalgorithmen zusammengesetzt werden kann.

Bevor dies in größerer Allgemeinheit studiert wird, soll an Beispielen erläutert werden, wie dies geschehen kann:

BEISPIEL: DFT für N = 4

Wie wir bereits gesehen haben, hat die DFT-Matrix für N = 4 die Form

$$A_4 = \begin{pmatrix} 1 & 1 & 1 & 1 \\ 1 & -j & -1 & j \\ 1 & -1 & 1 & -1 \\ 1 & j & -1 & -j \end{pmatrix}.$$

Durch eine geringfügige Umstellung der Zeilen, nämlich Vertauschung der Zeilen 2 und 3, erhält A_4 die Form

$$\tilde{A}_4 = \begin{pmatrix} 1 & 1 & 1 & 1 \\ 1 & -1 & 1 & -1 \\ 1 & -j & -1 & j \\ 1 & j & -1 & -j \end{pmatrix}.$$

Die Einteilung in 4 Kästchen à 2×2 liegt nahe:

$$\tilde{A}_4 = \left(\begin{array}{cc|cc} 1 & 1 & 1 & 1 \\ 1 & -1 & 1 & -1 \\ \hline 1 & -j & -1 & j \\ 1 & j & -1 & -j \end{array}\right).$$

Man beobachte, daß das Kästchen

$$\begin{pmatrix} 1 & 1 \\ 1 & -1 \end{pmatrix} \quad \text{mit der DFT-Matrix } A_2$$

übereinstimmt. Ferner sieht man sofort, daß

$$\begin{pmatrix} 1 & -j \\ 1 & j \end{pmatrix} = \begin{pmatrix} 1 & 1 \\ 1 & -1 \end{pmatrix} \cdot \begin{pmatrix} 1 & 0 \\ 0 & -j \end{pmatrix}.$$

Also hat $\tilde{A}_4$ die Blockform

$$\tilde{A}_4 = \left(\begin{array}{c|c} A_2 & A_2 \\ \hline A_2 \cdot \begin{pmatrix} 1 & 0 \\ 0 & -j \end{pmatrix} & -A_2 \cdot \begin{pmatrix} 1 & 0 \\ 0 & -j \end{pmatrix} \end{array}\right).$$

<u>ÜBUNG</u>

(a) Man mache sich klar, daß durch diese Aufteilung der DFT-Matrix A_4 (bzw. $\tilde{A}_4$) bei geeigneter Umbenennung der Signalfolgen die gleiche Spektralfolge berechnet wird.

(b) Frage: Was hat man gewonnen?

Bevor die am Beispiel N = 4 aufgezeigte Vorgehensweise verallgemeinert wird, wollen wir uns klarmachen, nach welchem Muster die Zahlenindizes permutieren.

Dazu betrachte man noch einmal den Fall N = 4. Bei den Indizes ebenso wie bei den Zeilennummern der Matrix A_N handelt es sich um den Restklassenbereich $\mathbb{Z}_N$ (in diesem Fall $\mathbb{Z}_4$)

$$\mathbb{Z}_4 = \{0,1,2,3\}.$$

Betrachtet man in $\mathbb{Z}_4$ nur die Teilmenge

$$D_2 := \{0,2\},$$

und addiert bzw. subtrahiert man in dieser Menge ebenfalls modulo 4, so sieht man sofort, daß dies bis auf Benennung der Elemente der Addition und Subtraktion in

$$\mathbb{Z}_2 = \{0,1\}$$

entspricht:

in D_2 mod 4	in $\mathbb{Z}_2$ mod 2
0	0
2	1
$0 + 2 \equiv 2$	$0 + 1 \equiv 1$
$2 + 2 \equiv 0$	$1 + 1 \equiv 0$

Solche Strukturanalogien, die sich nur um Bezeichnungen unterscheiden, nennt man *Isomorphien* oder *Isomorphismen*.
Weiteres dazu findet man etwa in [23].

Die Umordnung der Zeilen in der Matrix

$$A_4 = \begin{pmatrix} 0.\ \text{Zeile} \\ 1.\ \text{Zeile} \\ 2.\ \text{Zeile} \\ 3.\ \text{Zeile} \end{pmatrix} \quad \text{zu} \quad \tilde{A}_4 = \begin{pmatrix} 0.\ \text{Zeile} \\ 2.\ \text{Zeile} \\ 1.\ \text{Zeile} \\ 3.\ \text{Zeile} \end{pmatrix}$$

erfolgte genau nach dem Muster, nach dem die Menge $\mathbb{Z}_4$ in die Menge

$$D_2 = \{0,2\} \qquad \text{und} \qquad D_2 + 1 = \{1,3\}$$

zerlegt wird. Die ersten beiden Zeilen werden durch die Indizes in D_2 numeriert, die letzten beiden Zeilen durch um 1 nach rechts verschobene Indizes in $D_2 + 1$.

An dieser Stelle erinnern wir uns noch einmal daran, daß durch diese Zerlegung die Anzahl der $\mathbb{C}$-Multiplikationen von 4 bei A_4 auf 1 bei $\tilde{A}_4$ zurückgegangen ist.

Um das gleiche Vorgehen im allgemeinen Fall beschreiben zu können, betrachten wir nun die "völlig anders aussehende" DFT-Matrix für $N = 15$.

Es sei $\eta = e^{-\frac{2\pi j}{15}}$ eine primitive 15-te Einheitswurzel. Also

$$A_{15} = \left(\eta^{kl}\right)_{k,l \in \mathbb{Z}_{15}} ,$$

mit anderen Worten

$$A_{15} = \begin{pmatrix} 0.\ \text{Zeile} \\ 1.\ \text{Zeile} \\ \vdots \\ k.\ \text{Zeile} \\ \vdots \\ 14.\ \text{Zeile} \end{pmatrix}$$

Hier besteht für $k \in \mathbb{Z}_{15}$ die k-te Zeile aus den Komponenten

$$\eta^{k\cdot 0}, \eta^{k\cdot 1}, \eta^{k\cdot 2}, \dots, \eta^{k\cdot 14}.$$

Eine genauere Betrachtung der Menge $\mathbb{Z}_{15}$ zeigt, daß die Elemente

0 1 2 3 4 5 6 7 8 9 10 11 12 13 14

in zweierlei Art Unterstrukturen aufweisen:

(i) $D_3 = \{0,5,10\}$ verhält sich bezüglich Addition mod 15 genauso wie $\mathbb{Z}_3$.

(ii) $D_5 = \{0,3,6,9,12\}$ verhält sich bezüglich Addition mod 15 genauso wie $\mathbb{Z}_5$.

Frage: Auf welche Weise kann man A_{15} umordnen, um sich diese Unterstrukturen zunutze zu machen?

(i) Die erste Möglichkeit:

$$\tilde{A}_{15} = \begin{pmatrix} 0.\ \text{Zeile} \\ 5.\ \text{Zeile} \\ 10.\ \text{Zeile} \\ 1.\ \text{Zeile} \\ 6.\ \text{Zeile} \\ 11.\ \text{Zeile} \\ 2.\ \text{Zeile} \\ 7.\ \text{Zeile} \\ 12.\ \text{Zeile} \\ 3.\ \text{Zeile} \\ 8.\ \text{Zeile} \\ 13.\ \text{Zeile} \\ 4.\ \text{Zeile} \\ 9.\ \text{Zeile} \\ 14.\ \text{Zeile} \end{pmatrix}$$

ÜBUNG

Wie sieht die Blockstruktur von $\tilde{A}_{15}$ aus?

(ii) Die zweite Möglichkeit:

$$\tilde{\tilde{A}}_{15} = \begin{pmatrix} 0.\ \text{Zeile} \\ 3.\ \text{Zeile} \\ 6.\ \text{Zeile} \\ 9.\ \text{Zeile} \\ 12.\ \text{Zeile} \\ 1.\ \text{Zeile} \\ 4.\ \text{Zeile} \\ 7.\ \text{Zeile} \\ 10.\ \text{Zeile} \\ 13.\ \text{Zeile} \\ 2.\ \text{Zeile} \\ 5.\ \text{Zeile} \\ 8.\ \text{Zeile} \\ 11.\ \text{Zeile} \\ 14.\ \text{Zeile} \end{pmatrix}$$

ÜBUNG

Man beschreibe die Blockstruktur von $\tilde{\tilde{A}}_{15}$.

Worin unterscheiden sich die beiden Zerlegungen von A_{15}?
Die Anzahl der benötigten Rechenschritte bei Berechnung der Signalfolgen ist bei Verwendung von

a) A_{15}: $14^2 = 196$

b) $\tilde{A}_{15}$: $5 \cdot 2^2 + 4 \cdot 2 + 3 \cdot 4^2 = 76$

c) $\tilde{\tilde{A}}_{15}$: $3 \cdot 4^2 + 2 \cdot 4 + 5 \cdot 2^2 = 76$

Die dritte Möglichkeit für $N = 15$:

Zu guter Letzt betrachten wir noch eine weitere Zerlegungsmöglichkeit der Matrix A_{15}; diese führt - wie wir sehen werden - zu einem wesentlich beschleunigten Algorithmus zur Berechnung der DFT (vgl. Abschnitt 8.2). Zuvor muß jedoch noch einmal die Menge der Restklassen mod 15 betrachtet werden.

Dazu greifen wir auf die bereits in $\mathbb{Z}_{15}$ gefundenen Unterstrukturen D_3 und D_5 zurück: Trägt man nämlich die Zahlenfolge 0,1,...,14 in einem 3×5-Feld nach folgendem Muster

0	3	6	9	12
5	8	11	14	2
10	13	1	4	7

auf (d.h. man schreibt die Menge D_5 in die erste Zeile, die Menge D_3 in die erste Spalte und ergänzt so, daß in jeder Zeile die Summe (mod 15) der Zeilen- und Spaltennummer steht), so kommt auf diese Art und Weise jede Zahl aus [0:14] vor.

Da die Menge D_5 bzgl. Addition sich genauso verhält wie $\mathbb{Z}_5$, numerieren wir die Spalten mit den Elementen 0,1,2,3,4 und aus der gleichen Überlegung bekommen die Zeilen die Nummer 0,1,2:

	0	1	2	3	4
0	0	3	6	9	12
1	5	8	11	14	2
2	10	13	1	4	7

Damit liefert die Eintragung der Zahlen aus $\mathbb{Z}_{15}$ eine "natürliche" Zuordnung zu den Paaren $(a,b) \in \mathbb{Z}_3 \times \mathbb{Z}_5$ so, daß die Addition in $\mathbb{Z}_{15}$ sich genauso verhält wie die komponentenweise Addition in $\mathbb{Z}_3 \times \mathbb{Z}_5$.

Diese Beobachtung führt nun zu einer weiteren Zerlegungsmöglichkeit der DFT-Matrix A_{15}.
Dazu ordne man Zeilen und Spalten nach dem durch das 3×5-Feld gegebene Muster

0 3 6 9 12 5 8 11 14 2 10 13 1 4 7.

Mit anderen Worten benutzt man die zugehörige Permutationsmatrix

$$P = \begin{pmatrix} 1&&&&&&&&&&&&&& \\ &&&1&&&&&&&&&&& \\ &&&&&&1&&&&&&&& \\ &&&&&&&&&1&&&&& \\ &&&&&&&&&&&&1&& \\ &&&&&1&&&&&&&&& \\ &&&&&&&&1&&&&&& \\ &&&&&&&&&&&1&&& \\ &&&&&&&&&&&&&&1 \\ &&1&&&&&&&&&&&& \\ &&&&&&&&&&1&&&& \\ &&&&&&&&&&&&&1& \\ &1&&&&&&&&&&&&& \\ &&&&1&&&&&&&&&& \\ &&&&&&&1&&&&&&& \end{pmatrix},$$

die an den nicht beschrifteten Stellen nur Nullen als Einträge besitzt, um die Zeilen von A_{15} durch Linksmultiplikation mit P und Spalten durch Rechtsmultiplikation mit der inversen Permutationsmatrix $P^{-1} = P^t$ nach dem gewünschten Muster in

$$\overset{\otimes}{A}_{15} = P\, A_{15}\, P^t$$

umzuformen.

$\overset{\otimes}{A}_{15}$ hat dann die Blockgestalt

$$\overset{\otimes}{A}_{15} = F_3 \otimes F_5 .$$

Hier bezeichnet $\otimes$ das aus der linearen Algebra bekannte Kronecker-Produkt für Matrizen: Für $A = ((a_{ij}))$ und $B = ((b_{kl}))$ gilt

$$A \otimes B = ((a_{ij}\, B))_{i,j} = ((a_{ij} b_{kl}))_{(i,k),(j,l)} .$$

ÜBUNG

a) Wie sind F_3 und F_5 zu beschreiben?

b) Welches sind die Rechenzeitgewinne?

c) Worin unterscheidet sich

$$\overset{\otimes}{A}_{15} \text{ von } \tilde{A}_{15} \text{ und } \tilde{\tilde{A}}_{15}?$$

d) Welche Zerlegung ist leichter zu programmieren?

Aus implementierungstechnischen Gründen (einfacher, rekursiver Aufbau der Programme) soll noch eine zusätzliche Überlegung durchgeführt werden, mit deren Hilfe man A_{15} so umordnen kann, daß das Ergebnis $\overset{\otimes}{A}_{15}$ sich in Blockgestalt aufbauen läßt wie $A_3 \otimes A_5$!

Dazu betrachten wir $\mathbb{Z}_{15}$ noch einmal unter einem anderen Gesichtspunkt: Unterwirft man die Zahlen

$$0,1,\ldots,14 \in \mathbb{Z}_{15}$$

einer weiteren Identifizierung

modulo 3	bzw.	modulo 5 , so gilt
$0 \equiv 0 \bmod 3$	bzw.	$0 \equiv 0 \bmod 5$
$1 \equiv 1 \bmod 3$	bzw.	$1 \equiv 1 \bmod 5$
$2 \equiv 2 \bmod 3$	bzw.	$2 \equiv 2 \bmod 5$
$3 \equiv 0 \bmod 3$	bzw.	$3 \equiv 3 \bmod 5$
$4 \equiv 1 \bmod 3$	bzw.	$4 \equiv 4 \bmod 5$
$5 \equiv 2 \bmod 3$	bzw.	$5 \equiv 0 \bmod 5$
⋮		⋮
$14 \equiv 2 \bmod 3$	bzw.	$14 \equiv 4 \bmod 5$.

Mit anderen Worten: Wir haben eine Zuordnung von $\mathbb{Z}_{15}$ auf die Menge der Paare aus $\mathbb{Z}_3 \times \mathbb{Z}_5$ getroffen, wie die Tabelle zeigt:

mod 15	0	1	2	3	4	5	6	7	8	9	10	11	12	13	14
mod 3	0	1	2	0	1	2	0	1	2	0	1	2	0	1	2
mod 5	0	1	2	3	4	0	1	2	3	4	0	1	2	3	4

Man überzeugt sich sofort, daß alle Paare (a,b) mit $a \in [0:2]$, $b \in [0:4]$ vorkommen.

Es handelt sich bei dieser Zuordnung also um eine Bijektion zwischen den Mengen $\mathbb{Z}_{15}$ und $\mathbb{Z}_3 \times \mathbb{Z}_5$.

Wie hat man sich diese Zuordnung vorzustellen?

Dazu schreibe man die Folge der Zahlen $0,\ldots,14$ in einem 3×5-Feld nach folgendem Muster auf:

	0	1	2	3	4
0	0	6	12	3	9
1	10	1	7	13	4
2	5	11	2	8	14

In der Algebra (vgl. [23]) spricht man auch hier von einer Isomorphie, nämlich von dem Isomorphismus

$$\mathbb{Z}_{15} \simeq \mathbb{Z}_3 \times \mathbb{Z}_5.$$

Das heißt, daß man statt mod 15 zu rechnen, "genauso gut" mit Paaren (mod 3, mod 5) rechnen kann:

z.B. $6 \mathrel{\hat{=}} (0,1)$

$7 \mathrel{\hat{=}} (1,2)$

$6+7 = 13 \mathrel{\hat{=}} (1,3) = (0,1)+(1,2)$

$6 \cdot 7 = 42 \equiv 12 \mathrel{\hat{=}} (0,2) = (0,1)\cdot(1,2)$,

wobei in $\mathbb{Z}_3 \times \mathbb{Z}_5$ koordinatenweise gerechnet wird.

Was sind die Vorteile dieser Darstellung?

a) In der ersten Zeile des Feldes stehen die Elemente von D_5, in der ersten Spalte die von D_3;

b) Addition mod 15 wird durch koordinatenweise Addition mod 3 bzw. mod 5 ersetzt;

c) auch die Multiplikation mod N wird durch die koordinatenweise Multiplikation mod 3 bzw. mod 5 ersetzt.

ÜBUNG

(i) Prüfen Sie die Aussagen a), b), c) nach!

(ii) Beschreiben Sie die durch das Feld gegebene Bijektion

$$\mathbb{Z}_{15} \to \mathbb{Z}_3 \times \mathbb{Z}_5$$

durch eine Permutationsmatrix Q.

(iii) Zeigen Sie, daß $QA_{15}Q^t$ die Form

$$QA_{15}Q^t = A_3 \otimes A_5$$

hat, wenn in $A_3 = (\eta^{ij})_{i,j \in \mathbb{Z}_3}$ und $A_5 = (\rho^{ij})_{i,j \in \mathbb{Z}_5}$

η und ρ richtig gewählt werden!

Wir kommen darauf in Abschnitt 9.2 zurück.

Nach diesem Beispiel soll noch deutlich gemacht werden, daß diese für N = 15 exemplifizierte Isomorphie aus einem viel allgemeineren Zusammenhang folgt. Es ist eine Konsequenz des sogenannten *Chinesischen Restsatzes*, der in der einfachsten Form für die Menge der ganzen Zahlen wie folgt lautet:

SATZ

Es sei N eine natürliche Zahl, die in zwei teilerfremde Faktoren zerfällt:

$$N = N_1 \cdot N_2 \quad \text{und} \quad \mathrm{ggT}(N_1, N_2) = 1.$$

Dann gibt es einen Ringisomorphismus

$$\Pi = \mathbb{Z}_N \xrightarrow{\sim} \mathbb{Z}_{N_1} \times \mathbb{Z}_{N_2} .$$

Dieser wird, wenn man die Menge $\mathbb{Z}_N$ mit den Zahlen $k \in [0: N-1]$ identifiziert, durch

$$\Pi(k) = (k_1, k_2) \in \mathbb{Z}_{N_1} \times \mathbb{Z}_{N_2}$$

mit

$$k_1 \equiv k \bmod N_1$$

$$k_2 \equiv k \bmod N_2$$

beschrieben.

Zum Beweis sei auf [11], [13], [14] verwiesen.

Die Bedeutung dieses Satzes etwa für schnelle Arithmetik ganzer Zahlen (die sogenannte modulare Arithmetik) wird in [9] von der technischen Seite beleuchtet.

9. SCHNELLE FOURIERTRANSFORMATION

9.1 DIE KLASSISCHE FFT

Das Prinzip der "klassischen" von Cooley und Tukey vorgeschlagenen FFT können wir im Prinzip am Beispiel der in Abschnitt 8.3 behandelten Zerlegung der Matrix A_4 erläutern:

Durch eine Umordnung der Zeilen, die durch die Unterstruktur $D_2 = \{0,2\}$ in $\mathbb{Z}_4 = \{0,1,2,3\}$ bestimmt wurde, erhielt die Matrix A_4 die Blockgestalt

$$\tilde{A}_4 = \left[\begin{array}{c|c} A_2 & A_2 \\ \hline A_2\begin{pmatrix}1 & 0\\ 0 & -j\end{pmatrix} & -A_2\begin{pmatrix}1 & 0\\ 0 & -j\end{pmatrix}\end{array}\right].$$

Die Umordnung der Zeilen wurde nach dem Schema (0,2;1,3) vorgenommen und aus dieser Beschreibung kann man auch einen leicht zu implementierenden Rechentrick für diese Umordnung herleiten:

Schreibt man nämlich die Zahlen aus [0:3] in ihrer Binärentwicklung auf,

$$\begin{aligned} 0 &\mathrel{\hat{=}} 00\\ 1 &\mathrel{\hat{=}} 01\\ 2 &\mathrel{\hat{=}} 10\\ 3 &\mathrel{\hat{=}} 11 \end{aligned}$$

und spiegelt man die Binärzahlen, so erhält man die Zahlenreihenfolge

$$\begin{aligned} 00 &\mathrel{\hat{=}} 0\\ 10 &\mathrel{\hat{=}} 2\\ 01 &\mathrel{\hat{=}} 1\\ 11 &\mathrel{\hat{=}} 3 \end{aligned}$$

die genau zu der gewünschten Blockzerlegung führt.

Diese sogenannte *Bit-Spiegelung* beschreibt gerade die Einbettung von D_2 in $\mathbb{Z}_4$: Die Zahlen mit der Binärentwicklung $i_0 + i_1 \cdot 2$ wurden zu $i_1 + i_0 \cdot 2$. D.h. aber gerade, daß die Zahlen, in denen die höchste Potenz von 2 aufgeht, zuerst in der neuen Reihenfolge erscheinen.

Der Fall N = 8

Mit dieser Vorbereitung können wir uns nun dem Fall N = 8 zuwenden. Nach dem gleichen Muster wie oben suchen wir in $\mathbb{Z}_8$ die Unterstruktur $D_4 := \{0,2,4,6\}$. Offensichtlich verhält sich D_4 bezüglich der Addition mod 8 genauso wie $\mathbb{Z}_4$. Damit wird $\mathbb{Z}_8$ zerlegt wie folgt:

$$\begin{aligned}\mathbb{Z}_8 &= \{0,2,4,6\} \cup \{1,3,5,7\} \\ &= \quad D_4 \quad \cup \ (D_4 + 1).\end{aligned}$$

Schreibt man nun die Zeilen von A_8 in dieser Reihenfolge auf, so erhält man

$$\tilde{A}_8 = \begin{pmatrix} 0.\ \text{Zeile} \\ 2.\ \text{Zeile} \\ 4.\ \text{Zeile} \\ 6.\ \text{Zeile} \\ 1.\ \text{Zeile} \\ 3.\ \text{Zeile} \\ 5.\ \text{Zeile} \\ 7.\ \text{Zeile} \end{pmatrix} .$$

ÜBUNGEN

a) Man überzeuge sich, daß diese Reihenfolge ebenfalls über eine "Bit"-Vertauschung erhalten werden kann. Welche? Warum?

b) Man prüfe nach, daß diese Matrix $\tilde{A}_8$ nunmehr Blockgestalt

$$\tilde{A}_8 = \left(\begin{array}{c|c} A_4 & A_4 \\ \hline A_4 \begin{pmatrix} 1 & & & \\ & \xi & & \\ & & \xi^2 & \\ & & & \xi^3 \end{pmatrix} & -A_4 \begin{pmatrix} 1 & & & \\ & \xi & & \\ & & \xi^2 & \\ & & & \xi^3 \end{pmatrix} \end{array}\right)$$

hat, wobei ξ eine primitive 8-te Einheitswurzel bezeichnet, etwa $\xi = \frac{1-j}{\sqrt{2}}$.

Es ist naheliegend, die Zeilen der Matrix $\tilde{A}_8$ so zu permutieren, daß die daraus erhaltene Matrix $\tilde{\tilde{A}}_8$ die Blockgestalt

$$\tilde{\tilde{A}}_8 = \left(\begin{array}{c|c} \tilde{\tilde{A}}_4 & \tilde{\tilde{A}}_4 \\ \hline A_4\begin{pmatrix}1&&&\\&\xi&&\\&&\xi^2&\\&&&\xi^3\end{pmatrix} & -A_4\begin{pmatrix}1&&&\\&\xi&&\\&&\xi^2&\\&&&\xi^3\end{pmatrix}\end{array}\right)$$

bekommt.

<u>ÜBUNG</u>

a) Wie muß man die Zeilen von $\tilde{A}_8$ permutieren?

b) Wie kann man diese Permutation Sp, die die i-te Zeile in die Zeile mit der Nr. Sp(i) überführt, beschreiben, wenn man von vornherein

A_8 in die Form $\tilde{\tilde{A}}_8$ bringt?

Man überzeuge sich, daß diese Permutation $i \longmapsto Sp(i)$ die "Ordnung" 2 hat, d.h. für alle i gilt Sp(Sp(i)) = i. Stellt man die zu Sp gehörige Permutationsmatrix P auf, so drückt sich dies durch die Beziehung $P = P^t$ aus.

Die Gestalt von $\tilde{\tilde{A}}_8$ läßt nun eine weitere Zerlegung zu:
Es gilt zunächst einmal die Beziehung

$$\tilde{\tilde{A}}_8 = \left(\begin{array}{c|c} \tilde{\tilde{A}}_4 & O \\ \hline O & \tilde{A}_4 \end{array}\right) \cdot \left(\begin{array}{c|c} \begin{matrix}1&0&0&0\\0&1&0&0\\0&0&1&0\\0&0&0&1\end{matrix} & O \\ \hline O & \begin{matrix}1&0&0&0\\0&\xi&0&0\\0&0&\xi^2&0\\0&0&0&\xi^3\end{matrix} \end{array}\right) \cdot \left(\begin{array}{c|c} E_4 & E_4 \\ \hline E_4 & -E_4 \end{array}\right)$$

Hierbei bezeichnen die Kästchen E_4 die 4×4-Einheitsmatrix.
Damit kann man nun für $\tilde{\tilde{A}}_4$ die bereits in Abschnitt 7.1 hergeleitete Beziehung

$$\tilde{A}_4 = \left(\begin{array}{c|c} A_2 & \\ \hline & A_2 \end{array}\right) \cdot \left(\begin{array}{cc|cc} 1 & & & \\ & 1 & & \\ \hline & & 1 & \\ & & & -j \end{array}\right) \cdot \left(\begin{array}{c|c} E_2 & E_2 \\ \hline E_2 & -E_2 \end{array}\right)$$

aufschreiben und einsetzen, so daß insgesamt

$$\overset{\approx}{A}_8 = \left(\begin{array}{cc|cc} A_2 & & & \\ & A_2 & & \\ \hline & & A_2 & \\ & & & A_2 \end{array}\right) \cdot \left(\begin{array}{cccc|cccc} 1 & & & & & & & \\ & 1 & & & & & & \\ & & 1 & & & & & \\ & & & -j & & & & \\ \hline & & & & 1 & & & \\ & & & & & 1 & & \\ & & & & & & 1 & \\ & & & & & & & -j \end{array}\right) \cdot \left(\begin{array}{cc|cc} E_2 & E_2 & & \\ E_2 & -E_2 & & \\ \hline & & E_2 & E_2 \\ & & E_2 & -E_2 \end{array}\right)$$

$$\cdot \left(\begin{array}{cccc|cccc} 1 & & & & & & & \\ & 1 & & & & & & \\ & & 1 & & & & & \\ & & & 1 & & & & \\ \hline & & & & 1 & & & \\ & & & & & \xi & & \\ & & & & & & \xi^2 & \\ & & & & & & & \xi^3 \end{array}\right) \cdot \left(\begin{array}{c|c} E_4 & E_4 \\ \hline E_4 & -E_4 \end{array}\right) \qquad (9.1.1)$$

gilt.

Es stellt sich nun die Frage, was bei dieser Umordnung gewonnen wurde.

Ein Aufwandsvergleich:

Wir wollen kurz analysieren, worin sich die Transformation A_8 von der modifizierten Transformation $\overset{\approx}{A}_8$ unterscheidet.

a) Die Matrix A_8 transformiert Signalfolgen $\underline{f} = (f(0),\ldots,f(7))$ in ihre Spektralfolgen $\underline{\hat{f}} = (\hat{f}(0),\ldots,\hat{f}(7))$

$$\underline{\hat{f}} = \underline{f} \cdot A_8.$$

Bei unmittelbarer Anwendung von A_8 (d.h. ohne vorbereitende Umordnungen) benötigt man i.a. soviele komplexe Multiplikationen, wie es in A_8 von 1 oder -1 verschiedene Einträge gibt. Da diese Zahlen notwendigerweise (warum?) nicht reell sind, spricht man auch von komplexen Multiplikationen. Dabei treten bei der Transformation $\underline{f} \longrightarrow \underline{\hat{f}}$ nur Multiplikationen von reellen mit komplexen Zahlen auf, während bei der Inversen Transformation $\underline{\hat{f}} \longrightarrow \underline{f}$ i.a. zwei komplexe Zahlen miteinander multipliziert werden müssen.

Die Multiplikation einer reellen mit einer komplexen Zahl besteht offensichtlich aus zwei reellen Multiplikationen. Interessant ist, daß man die Multiplikation zweier komplexer Zahlen, die üblicherweise durch vier reelle Multiplikationen ersetzt wird, schon mit drei solchen Multiplikationen durchführen kann: Es seien $x = x_1 + x_2 j$ sowie $y = y_1 + y_2 j$ zwei komplexe Zahlen. Es sei $z_1 + z_2 j = x \cdot y$ ihr Produkt. Die Zahlen

$$z_1 = x_o y_o - x_1 y_1$$

und

$$z_2 = x_o y_1 + x_1 y_o$$

können auch wie folgt erhalten werden:

$$m_o := x_o y_o, \quad m_1 := x_1 y_1$$
$$m_2 := (x_o + x_1)(y_o + y_1)$$
$$z_1 := m_o - m_1$$
$$z_2 := m_2 - m_o - m_1.$$

Offensichtlich wurden nur drei reelle Multiplikationen benötigt.

ÜBUNG

Man betrachte A_8 und stelle die benötigte Anzahl solcher Multiplikationen fest!

b) Bei der Analyse der Transformationsmatrix $\approx{A}_8$ müssen wir zwei Dinge beachten:

1. Die Zeilen stehen in einer anderen Anordnung.
2. Die Anzahl der komplexen Multiplikationen kann aus der Faktorisierung (9.1.1) abgeleitet werden.

Zu (b1): In der vorhergehenden Übung wurde gezeigt, daß $\overset{\approx}{A}_8$ aus A_8 durch die Zeilenpermutation

$$\text{i-te Zeile} \longmapsto \text{Sp(i)-te Zeile}$$

hervorgeht.
Es bezeichne P die zugehörige Transformationsmatrix. Dann gilt

$$\overset{\approx}{A}_8 = PA_8.$$

Damit also $\overset{\approx}{A}_8$ die gleichen Ausgangswerte wie A_8 liefert, müssen (vgl. Abschnitt 8.3) die Eingangsfolgen mit P^{-1} permutiert werden, d.h. für $\underline{\overset{\approx}{c}} = \underline{c} \cdot P^{-1}$ gilt

$$\underline{\hat{c}} = \underline{\overset{\approx}{c}} \cdot \overset{\approx}{A}_8.$$

ÜBUNG

Zeigen Sie: $P = P^{-1}$ in diesem Fall!

Zu (b2): Hat man also diese Permutation durchgeführt (bei parallel eingehenden Daten ist dies z.B. überhaupt kein Problem), so teilt man die Signalfolgen $\underline{\approx{c}}$ in Blöcke ein und wendet darauf nacheinander die Faktoren der Matrix-Gleichung (9.1.1) an.

Die Operationen, die man dabei durchführen muß, können nun in besonders einsichtiger Weise in Form eines Signalflußgraphen erläutert werden: (siehe Bild 40 auf der nächsten Seite) Der Graph entspricht genau der in (9.1.1) gegebenen Zerlegung der Matrix $\overset{\approx}{A}_8$.

Für praktische Anwendungen betrachtet man immer die Anzahl der auftretenden Elementarschritte vom Typ

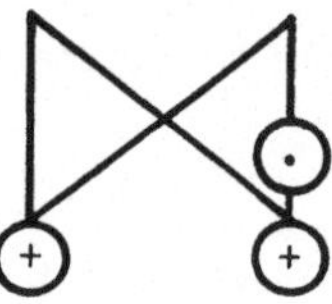

Bild 39.-

Dies sind die sogenannten *butterflies*.

ÜBUNG

a) Man beschreibe die Teile dieses Signalflußgraphen durch die zugehörigen Matrix-Blöcke!

b) Man sieht unmittelbar, daß mit
   - einer Eingangspermutation,
   - 12 Vorzeichenwechseln,
   - 24 Additionen,
   - 5 Multiplikationen

   die gesamte DFT durchgeführt werden kann.

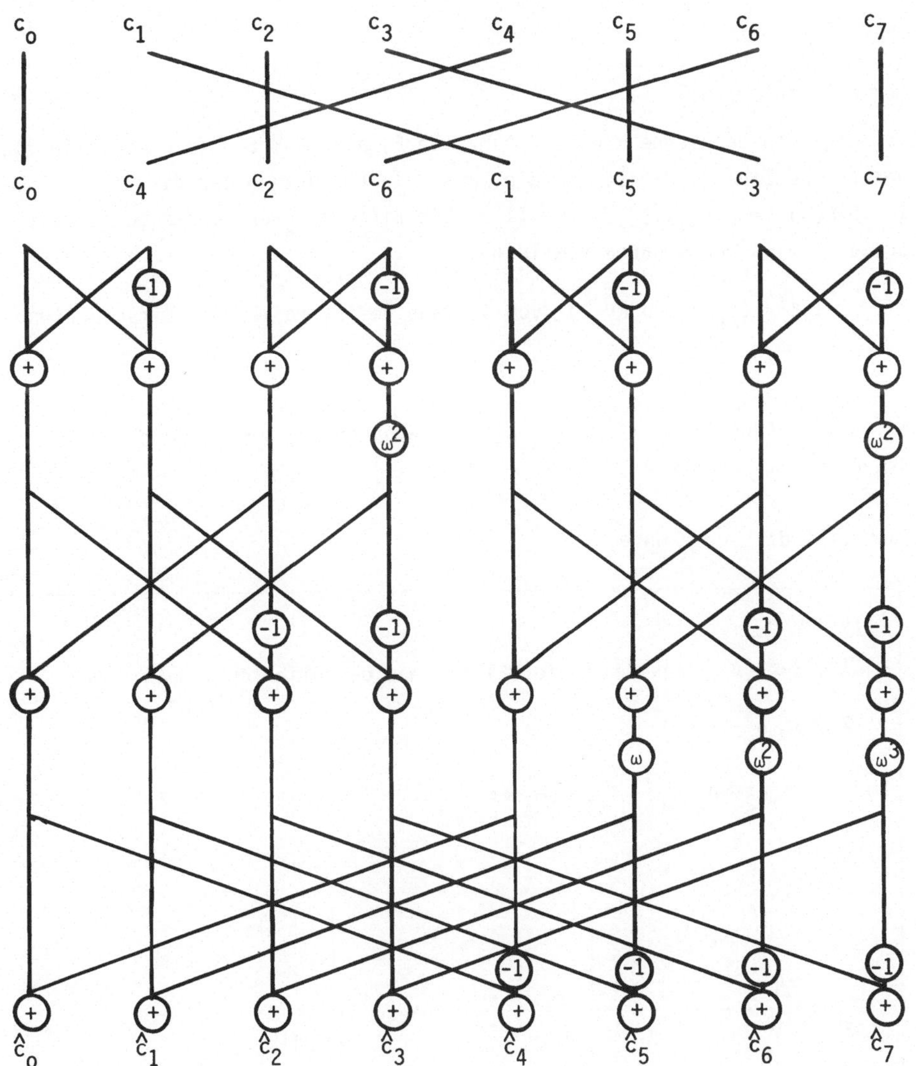

Bild 40.- Signalflußgraph der FFT_8

Die Überlegenheit der FFT wird aber erst bei größeren Werten von N deutlich.

Der allgemeine Fall

Im folgenden bezeichne N eine Potenz von 2, also $N = 2^r$ für eine beliebige natürliche Zahl r. Man stelle die Zahlen $i \in [0: N-1]$ binär dar, $i \mathrel{\hat{=}} \text{bin}(i) := (i_{r-1}, i_{r-2}, \ldots, i_1, i_0)$. Die Ziffern i_k ergeben sich wie auf Seite aus der Binärdarstellung

$i = \sum_{k=0}^{r-1} i_k 2^k \quad (i_k = 0 \text{ oder } 1)$ von i. Dann definiere man die Bitspiegelung

$$i \longmapsto Sp(i)$$

so, daß $\text{bin}(Sp(i)) = (i_0, \ldots, i_{r-1})$. Es bezeichne P_r die zu Sp gehörige N×N-Permutationsmatrix.

Dann gilt das sogenannte

FFT-Theorem:

a) $\bar{A}_{2^r} := P_r A_{2^r}$ berechnet die DFT für die permutierten Signalfolgen $\underline{\bar{f}} = \underline{f} \cdot P_r$.

b) $\bar{A}_{2^r} = (E_2 \otimes \bar{A}_{2^{r-1}}) \cdot T_{2^r} \cdot (A_2 \otimes E_{2^{r-1}})$,

wobei

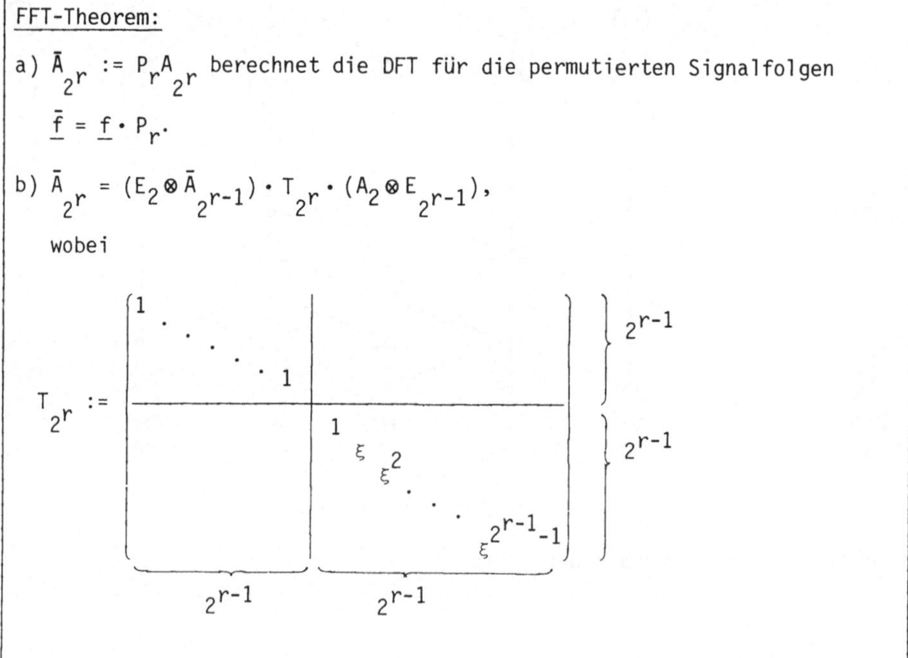

$$T_{2^r} := \left(\begin{array}{cccc|cccc} 1 & & & & & & & \\ & \ddots & & & & & & \\ & & & 1 & & & & \\ \hline & & & & 1 & & & \\ & & & & & \xi & & \\ & & & & & & \xi^2 & \\ & & & & & & & \ddots \\ & & & & & & & \xi^{2^{r-1}-1} \end{array}\right)$$

(jeder Block umfasst 2^{r-1} Zeilen bzw. Spalten)

für eine primitive 2^r-te Einheitswurzel ξ die sogenannte Matrix der *twiddle-factors* ist.

c) $\bar{A}_{2^r}$ berechnet die DFT in höchstens $r \cdot 2^{r-1}$ komplexen Multiplikationen.

Zum Beweis dieser Aussage ist folgendes zu sagen:

Teil a) ist offensichtlich, da $P_r \cdot P_r = E$.

Teil b) beschreibt nur die allgemeine Vorgehensweise in vollständiger Analogie zum bereits diskutierten Fall $N = 8 = 2^3$.
Die Spiegelung der Binärdarstellung der Zeilenindizes führt dazu, daß die ersten 2^{r-1} Zeilenindizes gerade aus den geraden Zahlen in $[0: N-1]$ bestehen:

$i = \sum_{l=0}^{r-1} i_l \cdot 2^l$ geht über in

$$Sp(i) = \sum_{l=0}^{r-1} i_l \cdot 2^{r-1-l}.$$

Da die Zahlen $i \in [0: \frac{N}{2} - 1]$, d.h. Zeilenindizes der oberen Hälfte der Matrix, in ihrer Binärentwicklung durch $i_{r-1} = 0$ beschrieben sind, bestehen also die Zahlen $Sp(i)$ aus allen geraden Zahlen in $[0: N-1]$, während die zweite Hälfte der Zeilen wegen $i_{r-1} = 1$ durch die ungeraden Zahlen in $[0: N-1]$ gegeben sind. Also zerlegt sich $\mathbb{Z}_N = D_{\frac{N}{2}} \cup (D_{\frac{N}{2}} + 1)$ wie gehabt.

ÜBUNG

Man prüfe nach, ob gilt:

$$\bar{A}_{2^r} = (E_2 \otimes \bar{A}_{2^{r-1}}) \cdot T_{2^r} \cdot (A_2 \otimes E_{2^{r-1}}).$$

(i) Stimmt die Blockaufteilung?

(ii) Warum steht in den Diagonalblöcken des linken Faktors bereits $\bar{A}_{2^{r-1}}$ in der gewünschten Anordnung?

Teil c) Durch Iteration dieser Zerlegung erhält man für die Anzahl l_r der Rechenschritte, die bei der Durchführung von $\bar{A}_{2^r}$ benötigt werden, die folgende Rekursionsformel

$$l_r = 2\cdot l_{r-1} + (2^{r-1}-1) + 2^r.$$

Daher entspricht der Summand

$2^{r-1}-1$ den nicht trivialen komplexen Multiplikationen in T_{2^r}

und der Summand

2^r den Additionen (bzw. Subtraktionen), die durch $A_2 \otimes E_{2^{r-1}}$ beschrieben werden.

ÜBUNG

Man zeige, daß l_r nicht schneller wächst als $c(r+1)\cdot 2^r$ für ein geeignetes c. Wie groß muß c sein?

Diese Analyse zeigt ferner, daß nur durch die *"twiddle factors"* in den $T_{2^{r-1}}$ komplexe Multiplikationen auftreten. Diese Anzahl läßt sich offensichtlich durch $r\cdot 2^{r-1}$ beschränken.

Damit ist das FFT-Theorem bewiesen.

Bevor wir die Aussage des FFT-Theorems in einem Rechenprogramm niederschreiben, machen wir uns die Aussage b) noch einmal am Signalflußgraphen klar.

ÜBUNG

(i) Man zeichne die der Aussage b) des FFT-Theorems entsprechende Stufe des Signalflußgraphen eines hypothetischen FFT-Prozessors!

(ii) Man überlege sich, daß die Iteration der Zerlegung immer wieder auf ähnliche Stufen führt.

(iii) Was ist die Anzahl der benötigten "butterflies"? (Siehe Seite 148.)

BEMERKUNG

In der Tat sind die schnellsten heute verfügbaren FFT-Prozessoren - wie etwa der in Erlangen entwickelte MSP-80 des Instituts für Nachrichtentechnik - nach diesem Prinzip gebaut.

Zum Schluß dieses Abschnitts soll nun auch noch der FFT-Algorithmus in einer formalen Programmiersprache beschrieben werden. Diese Version kann in jede reale Programmiersprache übersetzt werden.

FFT-Programm:

```
begin
  for i = 0 until 2^r-1 do              Kommentar: Einlesen der Variablen und
                                                   Spiegelung der Indizes
      A(i_0,...,i_{r-1}) := f(i_{r-1},...,i_0);
  for l = 0 until r-1 do                Kommentar: Tiefe der Zerlegung
      begin
        for i = 0 until 2^r-1 do        Kommentar: Umbenennung der
                                                   Variablen
          B(i_0,...,i_{r-1}) := A(i_0,...,i_{r-1});
        for i = 0 until 2^r-1 do        Kommentar: Butterfly
        begin
        A(i_0,...,i_{r-1}) := B(i_0,...,i_{l-1},0,i_{l+1},...,i_{r-1})
          + ξ^(i_l,i_{l-1},...,i_0,0,...,0) · B(i_0,...,i_{l-1},1,i_{l+1},...,i_{r-1})
        end
      end
  for i = 0 until 2^r-1 do              Kommentar: Auslesen des
                                                   Spektrums
    f^(i_0,...,i_{r-1}) := A(i_0,...,i_{r-1});
  end.
```

Wir haben nun noch zu zeigen, daß dieses Programm die FFT wie im FFT-Theorem angegeben durchführt.

Dazu betrachten wir die letzte Stufe, wie sie in Teil b) des FFT-Theorems beschrieben wird:

Im Programm entspricht dies der äußeren Schleifenvariablen $l = r-1$; d.h. es wird für

$$i \in [0: 2^r-1]$$

mit

$$(i_0,\dots,i_{r-1}) \cong Sp(i)$$

$$A_{(i_0,\dots,i_{r-1})} = B_{(i_0,\dots,i_{r-2},0)} + \xi^i B_{(i_0,\dots,i_{r-2},1)}$$

berechnet.

Betrachten wir nun, daß für die twiddle-factors

$$\xi^{(1,i_{r-2},\dots,i_0)} = -\xi^{(0,i_{r-2},\dots,i_0)}$$

gilt, so ist die Blockmatrizen-Gleichung

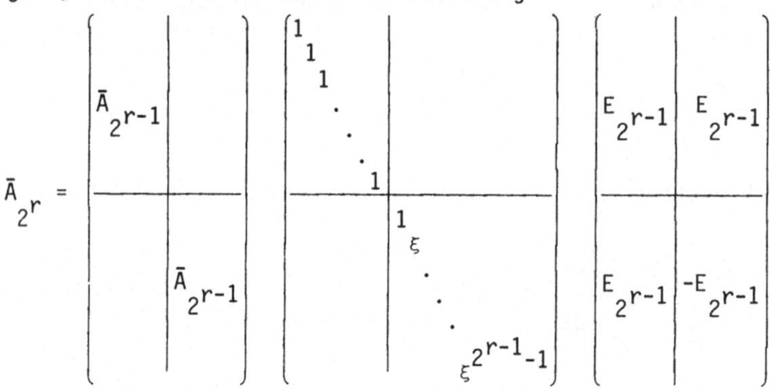

nachgeprüft.

ÜBUNG

Man verifiziere die Korrektheit eines beliebigen Rekursionsschrittes für

$0 \leqq l < N-1$!

Dieser Abschnitt sollte nicht ohne die Bemerkung abgeschlossen werden, daß der FFT-Algorithmus in völlig entsprechender Form auf Primzahlpotenzen $N = p^r$ verallgemeinert werden kann.

ÜBUNG

a) Man stelle die zugehörige Matrixzerlegung dar!

b) Wie leitet sich daraus ein Signalflußgraph ab?

c) Worin unterscheidet sich dieser von der FFT?

9.2 DER PRIMFAKTOR - ALGORITHMUS

Ein anderer schneller DFT-Algorithmus ist der auf Good und Thomas zurückgehende sogenannte Prim-Faktor-Algorithmus und die zugehörige PFA-Transformation.

Dazu erinnern wir uns an die in Abschnitt 8.3 bereits erwähnte "dritte Möglichkeit".

Die zahlentheoretische Vorbereitung

Für die Anwendung dieses Verfahrens muß N die Form $N = n_1 \cdot n_2$ haben, wobei der $ggT(n_1,n_2) = 1$ sein muß. Dann kann man die Menge $\mathbb{Z}_N$ auf die Menge der Paare $\mathbb{Z}_{n_1} \times \mathbb{Z}_{n_2}$ so abbilden, daß der Addition (bzw. Multiplikation) mod N in $\mathbb{Z}_N$ die koordinatenweise Addition (bzw. Multiplikation) mod n_1 bzw. n_2 entspricht.
Diese "Umbenennung" der Elemente von

$$\mathbb{Z}_N \to \mathbb{Z}_{n_1} \times \mathbb{Z}_{n_2}$$

wird durch eine Permutationsmatrix Q beschrieben.

ÜBUNG

Wie berechnet man Q?

Mit Hilfe von Q werden sodann die Zeilen und die Spalten von A_N permutiert,

$$\overset{\otimes}{A}_N = QA_NQ^t.$$

Die Blockzerlegung $\overset{\otimes}{A}_N$ hat die Form

$$\overset{\otimes}{A}_N = A_{n_1} \otimes A_{n_2} \qquad \text{(Kroneckerprodukt)}$$

(Vgl. dies mit S. 140 für N = 15.)
Dabei müssen in

$$A_{n_1} = (\eta^{ij})_{i,j\in \mathbb{Z}_{n_1}} \quad \text{und} \quad A_{n_2} = (\rho^{ij})_{i,j\in \mathbb{Z}_{n_2}}$$

η und ρ so gewählt sein, daß für

$$\eta = e^{\frac{2\pi jk}{n_1}} \quad \text{und} \quad \rho = e^{\frac{2\pi jl}{n_2}}$$

die Beziehungen

$$k \equiv 0 \bmod n_2 \qquad\qquad l \equiv 1 \bmod n_1$$

$$k \equiv 1 \bmod n_1 \qquad\qquad l \equiv 0 \bmod n_2$$

gelten.

Diese Beziehungen können leicht erfüllt werden, und zwar für genau ein Zahlenpaar $(k,l) \in [0:\ N-1] \times [0:\ N-1]$. Dies ist unmittelbar einzusehen, da die Abbildung

$$[0:\ N-1] \to \mathbb{Z}_{n_1} \times \mathbb{Z}_{n_2} \quad , \quad i \longmapsto (i_1, i_2),$$

gegeben durch $i_1 \equiv i \bmod n_1$ und $i_2 \equiv i \bmod n_2$, alle Zahlenpaare aus $\mathbb{Z}_{n_1} \times \mathbb{Z}_{n_2}$ genau einmal "erreicht".

Somit wurde A_N in die Form

$$\overset{\otimes}{A}_N = A_{n_2} \otimes A_{n_2}$$

überführt, wobei A_{n_1}, A_{n_2} mit den oben genannten Nebenbedingungen zu konstruieren sind.

D.h. $\overset{\otimes}{A}_N = QA_NQ^t$ besitzt die Blockgestalt

$$\overset{\otimes}{A}_N = (A_{n_1} \otimes E_{n_2}) \cdot \underbrace{\left(\begin{array}{c|c|c} A_{n_2} & 0 \ldots\ldots\ldots 0 & 0 \\ \hline 0 & \begin{array}{c} A_{n_2}\, 0 \ldots\ldots 0 \\ \ddots \\ 0 \ldots\ldots 0 A_{n_2} \end{array} & \begin{array}{c} 0 \\ \\ 0 \end{array} \\ \hline 0 & 0 \ldots\ldots\ldots 0 & A_{n_2} \end{array}\right)}_{n_1\ -\ \text{mal}} \qquad (9.2.1)$$

Das PFA-Theorem

Mit dieser Beobachtung kann man die Eigenschaften des PFA in einem Satz zusammenfassen:

PFA-Theorem

Es seien n_1 und n_2 teilerfremde natürliche Zahlen. Für $N = n_1 \cdot n_2$ bezeichne Q die Permutationsmatrix,

die zu oben genannter Abbildung $\mathbb{Z}_N \xrightarrow{(\text{mod } n_1, \text{mod } n_2)} \mathbb{Z}_{n_1} \times \mathbb{Z}_{n_2}$

gehört. Dann hat $\overset{\otimes}{A}_N = QA_NQ^t$ die Blockgestalt

$$\overset{\otimes}{A}_n = A_{n_1} \otimes A_{n_2}.$$

Die Transformation $\overset{\otimes}{A}_N$ berechnet mit höchstens $N \cdot (n_1 + n_2)$ komplexen Multiplikationen die DFT.

BEWEIS

Es muß nur noch gezeigt werden, daß man mit $N \cdot (n_1 + n_2)$ komplexen Multiplikationen auskommt! Dazu betrachten wir $\overset{\otimes}{A}_N$ in der Blockgestalt (9.2.1). Der rechtsstehende Faktor benötigt höchstens $n_1 \cdot n_2^2$ komplexe Multiplikationen. Der linksstehende Faktor

$$A_{n_1} \otimes E_{n_2}$$

ist permutationsäquivalent zur Blockmatrix

$$\underbrace{\begin{pmatrix} A_{n_1} & & & & \\ & A_{n_1} & & & \\ & & \cdot & & \\ & & & \cdot & \\ & & & & \cdot \\ & & & & & A_{n_1} \end{pmatrix}}_{n_2 \text{ - mal}}$$

Also benötigt man auch hier höchstens

$$n_2 \cdot n_1^2$$

komplexe Multiplikationen. Damit ergibt sich die Gesamtzahl zu

$$n_1 \cdot n_2^2 + n_1^2 \cdot n_2 = (n_1 \cdot n_2)(n_1 + n_2) = N(n_1 + n_2).$$

9.3 ANWENDUNGEN UND EIN PROGRAMM

Das PFA-Theorem besagt, daß Signalfolgen der Länge $n_1 n_2$ mit teilerfremden n_1, n_2 unter erheblichen Rechenzeitgewinnen nacheinander n_1 DFT(n_2)-Verfahren und n_2 DFT(n_1)-Verfahren unterworfen werden können und das gleiche Ergebnis liefern, wie die eigentlich angestrebte DFT($n_1 n_2$).

Im Grunde hat man damit die 1-dimensionale DFT($n_1 \cdot n_2$) auf eine 2-dimensionale DFT von $n_1 \times n_2$ zurückgeführt. Umgekehrt können auch bildhafte Signale der Seitenlängen $n_1 \times n_2$ verarbeitet werden wie eine Signalfolge der Länge $n_1 \cdot n_2$. Dies hat mitunter Vorteile bei der Datenorganisation und der Programmierung - z.B. in der Bildverarbeitung, Mustererkennung, wenn Filterbanken, Klassifikationsverfahren etc. für Signalfolgen bereits vorliegen und nicht neu entwickelt werden müssen.

Das folgende Programmbeispiel zeigt gleichermaßen den modularen Aufbau wie die Übereinstimmung mit der 2-dimensionalen DFT.

```
Programm PFA:
─────────────────────────────────────────────────────────────
Procedure DFT(n_1):                         beliebig zu definieren
     Input  c_0,...,c_{n_1-1}.
     Output ĉ_0,...,ĉ_{n_1-1}.
Procedure DFT(n_2):                         beliebig zu definieren
     Input  d_0,...,d_{n_2-1}.
     Output d̂_0,...,d̂_{n_2-1}.
begin
  for i = 0 until N-1 do
   begin
     i_1 := i mod n_1
     i_2 := mod n_2
   Z(i_1,i_2) := f_i                        Eingangspermutation
```

```
end
  for i_1 := 0 until n_1-1 do          Kommentar: Zeilentransformation
   begin
     for i_2 := 0 until n_2-1 do
      begin
        DFT(n_2)[Z(i_1,0),...,Z(i_1,n_2-1)]
      end
   end
   for i_1 := 0 until n_1-1 do
    begin
      for i_2 := 0 until n_2-1 do
       S(i_1,i_2) := Ẑ(i_1,i_2);
    end
for i_2 := 0 until n_2-1 do            Kommentar: Spaltentransformation
    begin
      for i_1 := until n_1-1 do
      begin
        DFT(n_1)[S(0,i_2),...,S(n_1-1,i_2)]
        end
      end
    for i_1 = 0 until n_1-1 do
     begin
       for i_2 = 0 until n_2-1 do
       begin
         i := suan(i_1,i_2)            Kommentar: "suan" ist die sogenannte
                                       chinesische Rekonstruktionsabbildung,
                                       die zu
                                        (i_1,i_2) ∈ ℤ_{n_1} × ℤ_{n_2}  die Zahl
                                       i ∈ ℤ_N  mit
                                              i ≡ i_1 mod n_1
                                              i ≡ i_2 mod n_2
                                       "wiederfindet" (Der Algorithmus er-
                                       gibt sich aus dem chinesischen Rest-
                                       satz und wird hier nicht explizit
                                       benötigt).
```

```
          f̂_i := Ŝ(i_1,i_2)                Ausgangspermutation
      end
   end
end
```

Die allgemeine schnelle DFT

In dieser Sektion wollen wir nun noch einmal zusammenfassen, wie aus dem FFT-Algorithmus für allgemeine p und dem PFA-Algorithmus für beliebige N ein schnelles DFT-Verfahren konzipiert werden kann.

Die Vorgehensweise, Schritt 1:

Man zerlege N in seine Primfaktoren, indem man Potenzen gleicher Primzahlen zusammenfaßt. Also:

$$N = p_1^{\alpha_1} \cdots p_r^{\alpha_r},$$

wobei die p_i Primzahlen sind und $p_i \neq p_j$ für $i \neq j$ gilt. Die α_i sind natürliche Zahlen und positiv.

Schritt 2:

Durch Permutation der Matrizen erhält man nach iterierter Anwendung des PFA-Algorithmus

$$DFT(N) \simeq DFT(p_1^{\alpha_1}) \otimes \ldots \otimes DFT(p_r^{\alpha_r}).$$

Dabei können die Verfahren für die

$$DFT(p_i^{\alpha_i})$$

noch beliebig entworfen werden.

Schritt 3:

In Anlehnung an Abschnitt 9.1 definieren wir nun eine FFT für

$$N_i = p_i^{\alpha_i},$$

indem die Matrix

$$A_{N_i}$$

durch Zeilenpermutation in die entsprechende Blockgestalt gebracht wird.

Schritt 4:

Die Komponenten der so erhaltenen Spektralvektoren werden in die "richtige" Reihenfolge zurückpermutiert.

Die Komplexitätsabschätzung

Läßt man den Aufwand für die Permutation der Folgen außer acht (dies darf eigentlich nur bei geeigneten Rechenanlagen getan werden), so ergibt sich für die Anzahl L_N der Rechenschritte für die DFT(N) eine obere Abschätzung wie folgt: Für $N_i = p_i^{\alpha_i}$ trägt jeder Faktor in der Kroneckerproduktzerlegung von Schritt 2 in Analogie zu Abschnitt 9.2 höchstens $\frac{N}{N_i} \cdot L_{N_i}$ komplexe Multiplikationen bei. Durch Anwendung von Schritt 3 wird in Anlehnung an die Abschätzungen von Abschnitt 9.1 die Anzahl der komplexen Multiplikationen für jede DFT(N_i) durch

$$O(N_i \log N_i)$$

beschränkt.
Also gilt insgesamt

$$L_N \leq \sum_{i=1}^{r} \frac{N}{N_i} O(N_i \log N_i)$$
$$= O(N \log N).$$

Wie wirkt sich dieser "Komplexitätsgewinn" aus?

Dazu betrachten wir abschließend noch einmal die eingangs erwähnten Beispiele, wie sie in der Bildverarbeitung üblich sind.

Zahlenbeispiele für Gewinn durch FFT

DFT (konventionell)	FFT
m^2 komplexe Multiplikationen	$m \log m$ $\mathbb{C}$-Multiplikationen

bei 100 n sec pro $\mathbb{C}$-Multiplikation

a) $m = 2048$

$m^2 = 4 \cdot 10^6$ $\mathbb{C}$-Multiplikationen	$m \log m = 2{,}2 \cdot 10^4$ $\mathbb{C}$-Multiplikationen

2048 Zeilen: $8{,}5 \cdot 10^9$ Multiplikationen dto für 2048 Spalten: insgesamt $1{,}7 \cdot 10^{10}$ Multiplikationen	$4{,}6 \cdot 10^7$ Multiplikationen 10^8 Multiplikationen
$\hat{=}$ 30 min	$\hat{=}$ 9 sec
b) <u>m = 512</u>	
$\hat{=}$ 30 sec	$\hat{=}$ 0,5 sec

LITERATUR

[1] Arsac, J.: Transformation de Fourier et Théorie des Distributions. Dunod, 1961

[2] Bebronne, V.: "Central Factorial Numbers" - neue Anwendungen in Analysis, Interpolations- und Approximationstheorie. Diplomarbeit, RWTH Aachen, 1982

[3] Brown, J.: Bounds of Truncation Error in Sampling Expansions of Band-Limited Signals. IEEE Transactions on Information Theory, Vol. IT-15, No. 4, 1969, p. 440-444

[4] Butzer, P.: The Shannon Sampling Theorem and some of its Generalizations; an Overview. Arbeitsbericht, RWTH Aachen, 1980

[5] Gelfand, I., Schilow, G.: Verallgemeinerte Funktionen (Distributionen), Band I und II. VEB Deutscher Verlag der Wissenschaften, 1969

[6] Harris, F. J.: On the Use of Windows for Harmonic Analysis with the Discrete Fourier Transform. Proceedings of the IEEE, Vol. 66, No. 1, 1978, p. 51-83

[7] Jerri, A.: The Shannon Sampling Theorem - its Various Extensions and Applications: A Tutorial Review. Proceedings of the IEEE, Vol. 65, No. 11, 1977, p. 1565-1596

[8] Kawata, T.: Fourier Analysis in Probability Theory. Academic Press, 1972

[9] Klar, R.: Digitale Rechenautomaten. (Sammlung Göschen) de Gruytes, 1970

[10] Knobloch, H. W., Kwakernaak, H.: Lineare Kontrolltheorie. Springer, 1985

[11] Kostrikin, A.: Introduction to Algebra. Springer, 1982

[12] Krüger, W., Scheiba, J.: Mathematische Methoden in der Systemtheorie: Stochastische Prozesse. Teubner, 1986

[13] Lipson, J.: Elements of Algebra and Algebraic Computation. Addison-Wesley, 1981

[14] Lüneburg, H.: Galoisfelder, Kreisteilungskörper und Schieberegisterfolgen. Bibliograph. Institut, 1979

[15] Ries, S.: Approximation stetiger und unstetiger Funktionen durch verallgemeinerte Abtastreihen. Dissertation, RWTH Aachen, 1984

[16] Ries, S., Stens, R. L.: Pointwise Convergence of Sampling Series. In: Proc. Second European Signal Processing Conf., Erlangen, 1983, North Holland, 1983, p. 5-7

[17] Riordan, J.: Combinatorial Identities. Wiley & Sons, 1968

[18] Slepian, D.: Some Comments on Fourier Analysis, Uncertainty and Modelling. SIAM Review, Vol. 25, No. 3, 1983, p. 379-393

[19] Slepian, D., Pollak, H. O.: Prolate Spheroidal Wave Functions, Fourier Analysis and Uncertainty - I. Bell Syst. Tech. J., Vol. 40, No. 1, 1961, p. 43-63

[20] Splettstösser, W.: On Generalized Sampling Sums Based on Convolution Integrals. Arch. Elek. Obertr. 32, Heft 7, 1978, p. 267-275

[21] Splettstösser, W.: Error Estimates for Sampling Approximation of Non-Bandlimited Functions. Math. Meth. in the Appl. Sci., 1, 1979, p. 127-137

[22] Vogt, L.: Die Potenzreihenentwicklung der trigonometrischen Funktionen (und ihrer Potenzen) in einheitlicher Darstellung mittels der "Central Factorial Numbers". Diplomarbeit, RWTH Aachen, 1983

[23] Winograd, S.: Arithmetic Complexity of Computations. (Regional Conference Series in Applied Mathematics, 33) SIAM, 1980

[24] Wladimirow, W.: Gleichungen der mathematischen Physik. VEB Deutscher Verlag der Wissenschaften, 1972

[25] Yao, K., Thomas, J.: On Truncation Error Bounds for Sampling Representations of Band-Limited Signals. IEEE Transactions on Aerospace and Electronic Systems, Vol. AES-2, No. 6, 1966, p. 640-647

Ergänzende Literatur:

[1] Aho, A., Hopcroft, J., Ullmann, J.: The Design and Analysis of Computer Algorithms. Addison-Wesley, 1974

[2] Beth, T., Hess, P., Wirl, K.: Kryptographie. Teubner, 1978

[3] Butzer, P., Nessel, R.: Fourier Analysis and Approximation Theory, Vol. I. Birkhäuser, 1971

[4] Dornhoff, L., Hohn, F.: Applied Modern Algebra. Macmillan, 1978

[5] Dym, H., McKean, H.: Fourier Series and Integrals. Academic Press, 1972

[6] Ireland, K., Rosen, M.: A Classical Introduction to Modern Number Theory. Springer, 1982

[7] Jacobson, N.: Basis Algebra, Vol. 1, Freeman, 1974

[8] Lidl, R., Pilz, G.: Angewandte Abstrakte Algebra, Band I und II. Bibliograph. Institut, 1982

[9] McClellan, J., Rader, C.: Number Theory in Digital Signal Processing. Prentice-Hall, 1979

[10] Nussbaumer, H.: Fast Fourier Transform and Convolution Algorithms. Springer, 1981

[11] Papoulis, A.: The Fourier Integral and its Applications. McGraw Hill, 1962

[12] Unbehauen, R.: Systemtheorie. Oldenbourg, 1980

[13] Van der Waerden: Algebra I. Hochschultaschenbücher 12, Springer, 1966

SACHVERZEICHNIS

Teubner Studienbücher

Mathematik

Proceedings of the Workshop

The Road-Vehicle-System and Related Mathematics

March 18—22, 1985 Lambrecht

Edited by Prof. Dr. H. NEUNZERT, University of Kaiserslautern, W.-Germany

1985. 284 pages. 16,2 x 23,5 cm. ISBN 3-519-02616-3. Paper DM 52,—

Contents